2ème C

Algèbre

Imp. Vve Conilleau, Laval. 1-24.

Cours d'Algèbre

Préliminaires

Le but de l'algèbre est la simplification et la généralisation de l'arithmétique.

La simplification résulte de l'emploi de lettres pour désigner les inconnues.

La généralisation résulte de l'emploi de lettres pour désigner les quantités connues et de l'emploi de signes pour indiquer les opérations à effectuer sur les nombres que les lettres représentent.

Les principaux signes employés en algèbre sont

$$a+b, \quad a-b, \quad a \times b, \quad a : b, \quad \frac{a}{b}$$

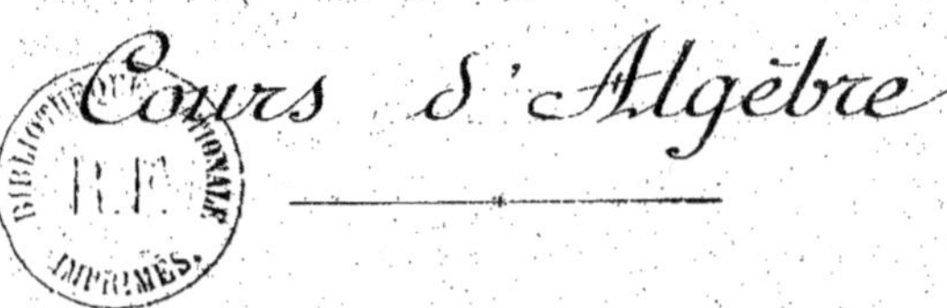

$$a = b, \quad a \neq b \;(\text{diff. de}), \quad a > b \quad b < a \quad a \geqslant b \quad a \leqslant b \quad (\;) \; [\;] \; \{\;\}$$

plus grand que   plus petit que   c. supérieur   a. inférieur
ou égal à b   ou égal à b

Les parenthèses s'emploient quand il faut indiquer une opération portant sur une quantité qui est elle même le résultat d'opérations non effectuées.

La généralisation de l'arithmétique qui constitue l'algèbre résulte encore de l'introduction des nombres négatifs en algèbre.

Chapitre I.

Nombres algébriques

__Définitions__ — Dès qu'une grandeur est susceptible d'être comptée dans deux sens différents le nombre qui mesure arithmétiquement cette grandeur ne suffit pas à la déterminer complètement; il faut y joindre l'indication du sens dans lequel la grandeur doit être comptée. La convention est d'affecter le nombre arithmétique du signe $+$ ou du signe $-$ suivant le sens. Ex :

chemin parcouru sur une droite ou segment, température, gains et pertes, altitudes, temps dans l'avenir et dans le passé.

D'une manière générale, le calcul algébrique, c'est-à-dire le calcul avec les nombres positifs et les nombres négatifs qui viennent d'être définis, se déduit du calcul arithmétique, si on ne perd pas de vue qu'il assure les trois points suivants :

1° Identité des nombres algébriques positifs avec les nombres arithmétiques.

2° Identité du signe $-$ placé devant un nombre négatif avec le signe de la soustraction.

3° Conservation dans le calcul algébrique des définitions des opérations et même des propriétés fondamentales du calcul arithmétique.

Pour fixer les idées, considérons sur un axe (droite orientée pourvue d'une origine) des segments dont les mesures seront des nombres algébriques.

$$-4\ -3\ -2\ -1\quad +1\ +2\ +3\ +4$$

Echelle des nombres algébriques

__Addition__ — Règle a : Pour additionner deux nombres de même signe on fait la somme

Valeur absolue
de $-3 = 3$

arithmétique de leurs valeurs absolues et devant le résultat on met le signe commun.

b. Pour additionner deux nombres de signes contraires, on fait la différence arithmétique de leurs valeurs absolues et devant le résultat on met le signe du nombre qui a la plus grande valeur absolue.

Définition — Deux nombres opposés (même valeur absolue mais qui diffèrent par le signe)
la somme de 2 nombres opposés = 0.

Théorème — La somme de plusieurs nombres algébriques ne dépend pas de l'ordre dans
quel on les ajoute.

Soustraction — Soustraire d'un nombre un autre nombre c'est en trouver un troisième
qui, ajouté au second, reforme le 1er.

Règle. — Pour retrancher un nombre d'un autre on ajoute son opposé à cet autre.

Définition — On peut appeler polynôme numérique une suite de nombres algébriques
unis par les signes de l'addition et de la soustraction.

Théorème — Pour retrancher d'un polynôme un autre polynôme, ont écrit à la suite du
premier polynôme tous les termes du second changés de signes.

$$(5 + 3 - 2 + 8) - (4 - 5 + 2 - 7)$$
$$= 5 + 3 - 2 + 8 - 4 + 5 - 2 + 7$$

Inégalités. — On dit qu'un nombre a est plus grand qu'un nombre b lorsque la différence
$a - b$ est positive. On a les propriétés suivantes : 1° de 2 nombres positifs, le plus grand
est celui qui a la plus grande valeur absolue.

2° de deux nombres négatifs le plus grand est celui qui a la plus petite valeur
absolue.

3° tout nombre positif est plus grand que zéro.
tout nombre négatif est plus petit que zéro.

4° tout nombre positif est plus grand que tout nombre négatif. En résumé
tout nombre inscrit sur l'échelle des nombres à droite d'un autre est plus
grand que cet autre.

Multiplication — Pour multiplier 2 nombres algébriques.

Règle — Le produit de 2 nombres algébriques est un nombre algébrique qui a pour valeur
absolue le produit des valeurs absolues des 2 facteurs et pour signe $+$ ou moins
suivant que les 2 facteurs sont de mêmes signes ou non.

règle des signes
$$+ \text{ par plus} = +$$
$$- \text{ par } - = +$$
$$+ \text{ par } - = -$$
$$- \text{ par } + = -$$

Remarque. — Un produit ne change pas quand on intervertit l'ordre des facteurs.

Théorème — Pour multiplier un polynôme par un nombre on peut multiplier par ce nombre chaque terme du polynôme puis faire la somme des produits partiels.

Théorème — Pour multiplier un polynôme par un autre polynôme on peut multiplier successivement chaque terme du premier par chaque terme du second, puis faire la somme de tous les produits partiels.

Division — On appelle quotient de 2 nombres algébriques un 3ème nombre qui, multiplié par le diviseur, reproduit le dividende.

Règle — Le quotient de deux nombres algébriques est un nombre algébrique qui a pour valeur absolue le quotient des valeurs absolues des deux nombres, et pour signe, plus ou moins, suivant que les deux nombres ont le même signe ou non ; la règle des signes est donc la même pour la division que pour la multiplication.

Fractions — Une fraction algébrique est le quotient non effectué de 2 nombres algébriques a et b, c'est $\frac{a}{b}$; les propriétés des rapports aux fractions arithmétiques s'étendent aux fractions algébriques. Rappelons brièvement ces propriétés.

1° On ne change pas la valeur d'une fraction quand on multiplie ou divise ses 2 termes par un même nombre différent de zéro.

En particulier, on peut, sans changer la valeur d'une fraction, changer les signes de ses deux termes, car cela revient à les multiplier par -1.

Ex. $\quad \dfrac{-9}{6} = \dfrac{-3}{9}, \qquad \dfrac{-3}{-5} = \dfrac{3}{5} \qquad \dfrac{-4}{7} = \dfrac{4}{-7} = \dfrac{4}{7}$

Conséquence I — Simplification d'une fraction.

Conséquence II — Réduction de plusieurs fractions au même dénominateur.

Il faut toujours prendre comme dénominateur commun le plus petit multiple commun de tous les dénominateurs.

Propriété II — Pour additionner ou soustraire des fractions il faut réduire au même dénominateur puis on forme une nouvelle fraction ayant pour numérateur la somme ou la différence des numérateurs et pour dénominateur le dénominateur commun, puis on simplifie.

Propriété III — Pour multiplier une fraction par un nombre on multiplie le numérateur ou divise le dénominateur par ce nombre.

Pour multiplier une fraction par une fraction on multiplie les numérateurs entre eux, et les dénominateurs.

Propriété IV — Pour diviser une fraction par un nombre on multiplie le dénominateur ou divise le numérateur par ce nombre — Pour diviser une fraction (ou un nombre) par une fraction on multiplie le dividende par la fraction diviseur renversé.

Propriété V — Quand on a une suite de rapports égaux on obtient un rapport égal à chacun d'eux en divisant la somme des numérateurs par la somme des dénominateurs.

$$\frac{a}{b} = \frac{a'}{b'} = \frac{a''}{b''} = \frac{a + a' + a''}{b + b' + b''} \qquad \frac{a}{b} = r \quad \frac{a'}{b'} = r \quad \frac{a''}{b''}$$

$$a = br \quad a' = b'r \quad a'' = b''r$$

$$a + a' + a'' = br + b'r + b''r \ \text{ou}\ (b + b' + b'') r \ \text{ou}\ r = \frac{a + a' + a''}{b + b' + b''}$$

Puissances

Définition — La puissance m d'un nombre a est le produit de m facteur de a, notation a^m — m s'appelle l'exposant de la puissance.

Une puissance d'un nombre positif est positive, une puissance d'un nombre négatif est positive ou négative suivant que l'exposant est pair ou impair.

Propriété I — 1° Le produit de plusieurs puissances d'un même nombre est une puissance de ce nombre dont l'exposant est la somme des exposants des facteurs.

Propriété II — 2° Pour élever une puissance d'un nombre à une autre puissance on fait le produit des exposants.

$$(a^2)^3 = a^6 \qquad (a \times a)^3 = (a \times a)(a \times a)(a \times a) = a^6$$

Propriété III — 3° Pour élever un produit de plusieurs facteurs à une puissance on élève chaque facteur à cette puissance.

Propriété IV — 4° Pour élever une fraction à une puissance on élève ses deux termes à cette puissance.

Propriété V — 5° Le quotient des deux puissances d'un même nombre est une puissance de ce nombre dont l'exposant est égal à la différence des exposants des deux puissances.

$$a^2 \times a^3 = a^5 \qquad \frac{a^5}{a^2} = a^3$$

Cette 5ᵉ propriété a 2 conséquences intéressantes : Conséquence I exposant zéro — Conséquence II exposants négatifs.

Conséquence I — La formule de division de 2 puissances d'un même nombre (5ᵉ propriété) est $\frac{a^m}{a^n} = a^{m-n}$ elle suppose $m > n$, il est intéressant de voir ce que deviennent ces formules si $m = n$ elle devient alors $\dfrac{a^m}{a^m} = a^{m-m}$ ou a^0, le premier membre est évidemment égal à

l'unité, le 2e membre a^0 n'a par lui-même aucun sens. on fait la convention de le dire

$= a^1$ $1 = a^0$ et on peut énoncer, la puissance d'exposant zéro d'un nombre

quelconque est égale à l'unité.

Conséquence II . Examinons maintenant le cas de $m < n$ et pour fixer les idées prenons $m = 2$ $n = 5$

La formule qui traduit la 5e propriété donnerait dans ce cas $\dfrac{a^2}{a^5} = a^{2-5}$ ou a^{-3} le premier

membre de cette égalité est égal à $\dfrac{1}{a^3}$ le 2e membre a^{-3} n'a par lui-même aucun sens, on fait

la convention de lui en donner un et de dire qu'à $a^{-3} = \dfrac{1}{a^3}$

Radicaux ou Racines .

Définition — On appelle racine $m^{ième}$ d'un nombre algébrique a, tout nombre b qui, élevé à la puis-

sance m reproduit a ; la notation est $\sqrt[m]{a}$. m s'appelle l'indice du radical et d'après la

définition précédente $b = \sqrt[m]{a}$ revient à dire $b^m = a$; étudions en détail le cas de l'indice 2,

c'est-à-dire le cas de la racine carrée.

Racine carrée Arithmétique - On appelle ainsi la racine positive d'un nombre donné ; on remarquera

que la racine arithmétique suivante $\sqrt{a^2} = +a$ si $a > 0$
$$= -a \text{ si } a < 0$$

$$\text{si } a = -3 \qquad \sqrt{a^2} = \sqrt{9} = 3$$
$$a^2 = 9$$

Le carré d'un nombre positif ou négatif est positif, deux nombres opposés ont le même carré

Un nombre négatif n'a pas de racine carrée, un nombre positif a deux racines carrées algé-

briques opposées que l'on obtient en mettant les signes $\pm$ devant la racine carrée arithmétique

Propriété I . 1° Le produit des racines de plusieurs nombres est égal à la racine de leur produit
$$\sqrt{5} \times \sqrt{5} \times \sqrt{2} \quad \text{ou} \quad \sqrt{5 \times 5 \times 2} \quad \text{ou} \quad \sqrt{50}$$

Propriété II — Pour élever à une puissance la racine d'un nombre, il suffit d'élever à cette puis-

sance le nombre sous le radical : $(\sqrt{5})^3 = \sqrt{5^3}$ ou $\sqrt{2}$

Propriété III — La racine du quotient de deux nombres est égale au quotient des racines de ces nombres

Réduction des radicaux au même indice, les propriétés précédentes permettent de réduire

des radicaux au même indice ce qui peut être utile dans les cas suivants.
$$\text{comparons } \sqrt[3]{30} \quad \text{et} \quad \sqrt[2]{10}$$

réduisons les deux radicaux à l'indice 6 $\sqrt[6]{30^2}$ et $\sqrt[6]{10^3}$
$$\sqrt[6]{900} \quad \text{et} \quad \sqrt[6]{1000}$$

Chapitre II

Expressions Algébriques

Définitions — Une expression algébrique est tout ensemble de nombres et de lettres réunies par des signes d'opérations.

Valeur numérique d'une expression algébrique. On appelle ainsi le résultat numérique qu'on obtient en remplaçant dans l'expression les lettres par les valeurs numériques qui leur sont attribuées et en effectuant les opérations.

Expressions équivalentes. Deux expressions algébriques sont dites équivalentes quand elles prennent toutes deux la même valeur pour un même ensemble de valeurs attribuées aux lettres qu'elles renferment.

L'égalité de deux expressions algébriques équivalentes est une identité.

$$(a+b)^2 = a^2 + 2ab + b^2$$

Classification des expressions algébriques. Les expressions algébriques se divisent en deux. 1° Expressions rationnelles — 2° Expressions irrationnelles, suivant qu'elles ne renferment pas, ou qu'elles renferment un radical portant sur des lettres

$$\text{(ration.)} \quad ax^2 \quad x\sqrt{3} \qquad \text{(irrat.)} \quad \sqrt{x}$$

puis une expression rationnelle peut être entière ou fractionnaire suivant qu'elle ne contient pas ou qu'elle contient de dénominateur renfermant des lettres.

$$\text{(non fract.)} \quad \frac{a}{3} \qquad \frac{x}{a} \quad \text{(fract.)}$$

Monômes — Un monôme c'est une expression qui ne renferme l'indication d'aucune addition ou soustraction ; dans la suite, nous considérerons surtout des monômes entiers, et pour abréger le langage, nous dirons monôme.

Tout monôme de ce genre a donc trois éléments constitutifs. 1° un signe — 2° un coefficient numérique — 3° Une partie littérale constituée par des lettres avec leurs exposants.

Monômes semblables. Ce sont des monômes ayant même partie littérale et ne différant que par le signe et le coefficient numérique.

Degré — On peut considérer le degré soit par rapport à l'ensemble des lettres, soit par rapport à une lettre particulière; dans le premier cas, le degré est la somme des exposants de toutes les lettres du monôme, dans le 2ᵉ cas, le degré est égal à l'exposant de la lettre particulière considérée. $-37\,a^2 b^3\,c\,x4$

Polynôme — C'est une suite de monômes (entiers) les monômes sont alors le plus souvent appelés termes du polynôme, si le polynôme a deux termes, c'est un binôme, s'il en a trois, c'est un trinôme.

Réduction des termes semblables — Si dans un polynôme il existe plusieurs termes semblables, on peut et on doit les réduire à un seul.

Polynôme homogène — c'est un polynôme dont tous les termes ont le même degré.

Degré d'un Polynôme — C'est le plus haut degré des monômes qu'il renferme, ordonner un polynôme, c'est en écrire les termes dans un ordre tel que les puissances d'une lettre aillent constamment en croissant ou en décroissant d'un terme au suivant. Ainsi le polynôme $3x^4 - 3a\,x^3 + 5a^2x^3 - 6a^3x - 2a^4$ est ordonné par rapport aux puissances décroissantes de x.

Polynômes identiques — Ce sont deux polynômes composés exactement des mêmes termes. Deux polynômes identiques sont évidemment équivalents, la réciproque (à admettre sans démonstration) est vraie.

____

Opérations sur les expressions algébriques.

Addition — Additionner plusieurs expressions algébriques c'est en trouver une autre dont la valeur numérique soit toujours égale à la somme des valeurs numériques des expressions données.

Règle — Pour additionner plusieurs polynômes on écrit tous les termes des polynômes les uns à la suite des autres, puis on réduit les termes semblables s'il y a lieu.

Soustraction — Soustraire 2 expressions algébriques c'est en trouver une 3ᵐᵉ dont la valeur numérique soit toujours égale à la différence des valeurs numériques des deux premières.

Règle — Pour soustraire d'un 1ᵉʳ Polynôme un 2ᵐᵉ Polynôme, on écrit à la suite du 1ᵉʳ les termes du second changés de signes.

Multiplication — Multiplier plusieurs expressions algébriques entre elles, c'est en trouver une

autre dont la valeur numérique soit toujours égale au produit des valeurs numériques des expressions données.

Multiplication des Monômes. _Règle._ Le produit de 2 monômes est un monôme dont : 1° le signe s'obtient par la règle des signes, — 2° le coefficient numérique est le produit des coefficients des monômes facteurs, — 3° la partie littérale comprend toutes les lettres figurant dans les monômes facteurs, chacune d'elles ayant pour exposant la somme des exposants qu'elle a dans les deux monômes.

$$(-7\, a^3\, x^2) \times \left(-\frac{5}{7}\, a^2\, b\, x^3\right) = +5\, a^5\, b\, x^5$$

Multiplication d'un Polynôme par Monôme. _Règle :_ On multiplie chaque terme du polynôme par le monôme, puis on fait la somme algébrique des produits partiels ainsi obtenus.

Multiplication de 2 Polynômes. _Règle :_ On multiplie chaque terme du multiplicande par chaque terme du multiplicateur, puis on fait la somme algébrique des produits partiels et la réduction des termes semblables, s'il y a lieu. Il est bon d'ordonner. Dans les cas très rares où les polynômes contiennent de nombreux termes on facilite les calculs par une disposition analogue à celle de l'arithmétique

$$(2x - 3x^2 + 5)\,(3 - 4x - 7x^2)$$
$$(-3x^2 + 2x + 5)\,(-7x^2 - 4x + 3)$$
$$= +21x^4 - 14x^3 - 35x^2 + 12x^3 - 8x^2 - 20x - 9x^2 + 6x + 15$$
$$= +21x^4 - 2x^3 - 52x^2 - 14x + 15$$

Remarque. — Il est important de remarquer que le produit des termes de plus haut degré du multiplicande et du multiplicateur donne d'une manière irréductible le terme du plus haut degré du produit, de même pour les termes de plus faible degré.

Produits remarquables ou identités remarquables qu'il est essentiel de savoir parfaitement

$$(A+B)^2 = A^2 + 2AB + B^2$$
$$(A-B)^2 = A^2 - 2AB + B^2$$
$$(A+B)\,(A-B) = A^2 - B^2$$

Très utile aussi en sens inverse.

$$(A+B)^3 = A^3 + 3A^2B + 3AB^2 + B^3$$
$$= A^3 + B^3 + 3AB\,(A+B)$$
$$(A-B)^3 = A^3 - 3A^2B + 3AB^2 - B^3$$
$$= A^3 - B^3 - 3ab\,(a-b)$$

Énoncé — correspondant. 1° *Le carré de la somme de 2 nombres* est égal au carré du 1er nombre plus le double produit du 1er par le 2e plus le carré du second.

2° *Le carré de la différence de 2 nombres* est égal au carré du 1er nombre moins le double produit du 1er par le 2ème plus le carré du second.

3° *Le produit de la somme de 2 nombres par leur différence* est égal au carré du 1er moins le carré du second.

$$(x^2 + a\,x + a^2)\,(x-a) = x^3 - a^3$$
$$(x^2 - a\,x + a^2)\,(x+a) = x^3 + a^3$$
$$(x + a)^4 = x^4 + 4\,a^3 x + 6\,a^2 x^2 + 4\,a\,x^3 + a^4$$

Division

Définition — Diviser une expression algébrique (dividende) par une autre (diviseur) c'est en trouver une 3ème (quotient) dont le produit par le diviseur, soit identique au dividende. En général, on est obligé de se borner à la simple indication de la division, le symbole $\frac{A}{B}$ prend le nom de fraction, mais quand on peut simplifier l'expression $\frac{A}{B}$ la forme simplifiée s'appelle quotient.

Division de 2 monômes. Quand la division est possible, la règle est analogue à celle de la multiplication de 2 monômes. Ex : $\dfrac{-7\,a\,x^3}{2\,b\,y}$ ne peut se simplifier.

$$\frac{35\,a\,x^4}{7\,a^2 x} = \frac{5\,x^3}{a} \quad \text{quotient non entier}$$
$$\frac{-12\,a^5}{3\,a^2} = -4\,a^3 \quad \text{quotient}$$

Division d'un Polynôme par un Monôme. Règle. On divise chaque terme du Polynôme par le Monôme. Ex : $\dfrac{6\,a^2 x^3 - 18\,a^3 x^2 + 12\,a^4 x}{-6\,a^2 x} = -x^2 + 3\,a\,x - 2\,a^2$

Division de 2 Polynômes (entiers en x).

1° Division exacte. Sans faire la théorie de la division, nous donnerons seulement un exemple de cette opération.

$$
\begin{array}{rl|l}
8x^4 - 22x^3 + 5x^2 + 16x - 7 & & \,2x^2 - 3x + 1 \\
\cline{3-3}
-8x^4 + 12x^3 - 4x^2 & & \,4x^2 - 5x - 7 \\
\cline{1-1}
-10x^3 + x^2 + 16x & & \\
+10x^3 - 15x^2 + 5x & & \\
\cline{1-1}
-14x^2 + 21x - 7 & & \\
+14x^2 - 21x + 7 & & \\
\cline{1-1}
0 & &
\end{array}
$$

Remarque pratique. Il ne faut pas oublier d'ordonner le polynôme dividende et le polynôme

diviseur par rapport aux puissances décroissantes de x. Si on ordonnait par rapport aux puissances croissantes, il n'y aurait pas, il est vrai, d'inconvénient pour la division exacte, mais il serait tout à fait impossible de faire la division avec reste.

Division généralisée ou division avec reste.

__Définition__ — Diviser un polynôme A par un polynôme B, c'est trouver 2 polynômes Q et R (quotient et reste) tel qu'on ait identiquement $A = B \times Q + R$ avec degré de $R <$ degré de B. Le mécanisme de l'opération est exactement le même pour la division avec reste que pour la division exacte.

$$\begin{array}{ll}
7x^4 - 18x^3 + 5x - 12 & \\
\underline{-7x^4 + 4x^3 + x^2} & \\
\quad -14x^3 + x^2 + 5x & \\
\quad \underline{+14x^3 - 8x^2 - 2x} & \\
\qquad -7x^2 + 3x - 12 & \\
\qquad \underline{+7x^2 - 4x - 1} & \\
\qquad\qquad -x - 13 &
\end{array}
\qquad
\begin{array}{|l}
7x^2 - 4x - 1 \\
\hline
x^2 - 2x - 1
\end{array}$$

__L'identité de la division pour l'exemple ci-dessus est__

$$7x^4 - 18x^3 + 5x - 12 = (7x^2 - 4x - 1)(x^2 - 2x - 1) - x - 13$$

__Théorème__ — La division qui vient d'être définie est une opération uniforme, c'est-à-dire qu'il n'existe qu'un polynôme quotient et un polynôme reste, satisfaisant à la définition de la division.

__Démonstration__ — Supposons, en effet, qu'il existe deux systèmes différents Q et R d'une part, Q' et R' d'autre part, satisfaisant à la définition de la division, on aurait à la fois

$$\begin{cases} a = BQ + R \\ \deg R < \deg B \end{cases} \qquad \begin{cases} a = BQ' + R' \\ \deg R' < \deg B \end{cases}$$

des deux premières identités on déduit $BQ + R = BQ' + R'$

$$\text{ou } BQ - BQ' = R' - R \qquad \text{ou } B(Q - Q') = R' - R$$

dans cette dernière identité, le degré du 1er membre est au moins égal à celui de B si $Q - Q'$ n'est pas nul, le second membre, au contraire, est de degré inférieur à celui de B deg. R et $R' < \deg B$; l'identité est donc impossible, puisque 2 polynômes identiques ont nécessairement le même degré ; elle ne devient possible que si $Q - Q'$ est identiquement nul $Q = Q'$, alors $R' = R$.

Division par $x - a$

Théorème — La condition nécessaire et suffisante pour qu'un polynôme entier en x soit divisible par $x - a$ est qu'on obtienne 0 quand on remplace x par a dans le polynôme. Nous démontrerons d'abord le lemme suivant :

Lemme — Le reste de la division d'un polynôme entier en x par $x - a$ est égal au résultat qu'on obtient en remplaçant x par a dans le polynôme.

Démonstration — Soit $f(x)$ le polynôme. Divisons-le par $x - a$ soit Q le quotient et R le reste, par définition de la division

$$f(x) \equiv (x - a)\, Q + R \qquad (1)$$
$$\deg r < \deg (x - a)$$
$$\text{ou } \deg r < 1$$
$$r = \delta_{\varepsilon} \quad (r \text{ est indépendant de } x)$$

l'égalité (1) étant une identité, est vraie, quelle que soit la valeur de x faisons $x = a$
on obtient :
$$f(a) = \overline{(a - a)}\, Q(a) + R.$$
$$f(a) = R$$

ce qui démontre le lemme.

Revenons maintenant au théorème. 1° La condition est nécessaire, c'est-à-dire que si le polynôme $f(x)$ est exactement divisible par $x - a$ le résultat obtenu, en remplaçant x par a dans le polynôme, est 0.

En effet, l'hypothèse est : $\begin{cases} F(x) = (x - a)\, Q(x) \\ R = 0 \end{cases}$

Or, d'après le lemme, $R = F(a)$ donc $F(a) = 0$ ce qu'il fallait démontrer.

2° La condition est suffisante, c'est-à-dire que, si $F(a) = 0$ la division de $F(x)$ par $x - a$ est exacte, autrement dit $r = 0$, or cela encore est évident, puisque d'après le lemme $F(a) = r$.

Remarque — Le théorème précédent permet d'étudier, non seulement la divisibilité par $x - a$ mais aussi la divisibilité par $x + a$.

En effet, $x + a$ peut s'écrire $x - (-a)$ et, par conséquent, un polynôme en x sera divisible par $x + a$ si en y remplaçant x par $-a$ on obtient 0

Application : divisibilité de $x^m \pm a^m$ $x \pm a$

1° $x^m - a^m$ par $x - a$. En remplaçant x par a dans le dividende on a $a^m - a^m = 0$
donc $x^m - a^m$ est toujours divisible par $x - a$

2° $x^m - a^m$ par $x + a$ en remplaçant x par $-a$ dans le dividende on a $(-a)^m - a^m$

Deux cas sont à distinguer, si m est pair, ce résultat de substitution est égal a $a^m - a^m = 0$ et $x^m - a^m$ est divisible par $x + a$; au contraire, si m est impair, le résultat de substitution $= -a^m - a^m = -2a^m$ et $x^m - a^m$ n'est pas divisible par $x + a$;

   3° $\underline{x^m + a^m \text{ par } x - a}$ la substitution de a à x donne $a^m + a^m = 2a^m$ donc $x^m + a^m$ n'est jamais divisible par $x - a$.

   4° $\underline{x^m + a^m \text{ par } x + a}$ la substitution de $-a$ à x donne $(-a)^m + a^m$. Deux cas sont à distinguer, si m est pair on a $a^m + a^m = 2a^m$ donc $x^m + a^m$ n'est pas divisible par $x + a$; au contraire, si m est impair, on a $-a^m + a^m = 0$ et alors $x^m + a^m$ est divisible par $x + a$.

Décomposition en Facteurs

<u>Pratiquement très important</u>. Il existe trois procédés permettant de décomposer en facteurs une expression entière autrement dit un polynôme entier.

<u>Procédé I</u> — On peut avec un peu d'attention trouver un facteur à mettre en évidence.

   Ex: $\qquad 12a^2b^3 - 3a^4b + 15a^3b^2$

Cette expression contient dans tous ses termes le facteur $3a^2b$ et en le mettant en évidence on a: $\qquad 3a^2b(4b^2 - a^2 + 5ab)$

A ce premier procédé se rattache ce qu'on peut appeler la <u>méthode des groupements</u> dont voici un exemple: $\qquad a^3 - 5a^2 - 1 + 5a$

on peut l'écrire en groupant les termes de même coefficient.

$$(a^3 - 1) - 5a(a - 1)$$

Sous cette forme, on voit apparaître le facteur $a - 1$ puisque $a^3 - 1$ est divisible par a et donne pour quotient: $\qquad a^2 + a + 1$

   L'expression donnée peut donc s'écrire $(a - 1)(a^2 + a + 1 - 5a)$ ou $(a - 1)(a^2 - 4a + 1)$

<u>Procédé II</u> — On trouve souvent des facteurs du 1er degré en appliquant la théorie de la division par $x - a$. Ex: $2x^2 - 7x + 5$

   Si on remplace x par 1 on obtient $2 - 7 + 5 = 0$, le polynôme donné est donc divisible par $x - 1$. Pour trouver le quotient de cette division, on peut se dispenser de faire la division. En effet, ce quotient est du 1er degré, et se compose par suite d'un terme en x et d'un terme constant a cause de la propriété de la mul...

plication de deux polynômes, à savoir que le produit des termes de plus haut degré du multiplicande et du multiplicateur donne d'une manière irréductible le terme de plus haut degré du produit et de même pour les termes de plus faible degré le polynôme $2x^2 - 7x + 5$ peut s'écrire $(x - 1)(2x - 5)$ il faut noter que cette manière d'opérer n'est applicable que si la donnée est un polynôme du second degré.

<u>Procédé III</u> — On trouve souvent une décomposition en facteurs en appliquant les identités remarquables. Ex.

Soit l'expression $9a^3 - 12a^2 p + 4a p^2$

on peut d'abord l'écrire $a(9a^2 - 12ap + 4p^2)$

La quantité entre parenthèses contient 3 termes dont 2 sont des carrés parfaits, les carrés de $3a$ et $2p$ le double produit de $3a$ par $2p$ égal à $12ap$ est bien le 3ème terme de la parenthèse, enfin les signes sont bien tels qu'on ait affaire au développement $2p)^2$ finalement l'expression donnée s'écrit $a(3a - 2p)^2$

Il y a souvent lieu d'appliquer successivement les 3 procédés à une même expression qu'on veut décomposer en facteurs. Ex : soit $12x^4 - 9x^2 - 3x$

le 1er procédé donne $3x(4x^3 - 3x - 1)$ puis si on fait $x = 1$ dans la parenthèse on obtient 0. Donc, le 2ème procédé (division par $x - a$) est applicable.

$$
\begin{array}{r|l}
4x^3 - 3x - 1 & \underline{x - 1} \\
\underline{-4x^3 + 4x^2} & 4x^2 + 4x + 1 \\
+4x^2 - 3x - 1 & \\
\underline{-4x^2 + 4x} & \\
x - 1 & \\
\underline{-x + 1} & \\
0 &
\end{array}
$$

le 3ème procédé (identités remarquables) permet de reconnaître dans le quotient ci-dessus le carré de $(2x + 1)$. Finalement, l'expression décomposée en facteurs $= 3x(x - 1)(2x + 1)^2$

Fractions

<u>Définition</u> — Une fraction algébrique est le quotient de deux expressions algébriques. On désigne sous le nom de fraction rationnelle, une fraction dont les deux termes sont des polynômes entiers en x.

<u>Principe fondamental</u> : Si on multiplie ou si on divise les deux termes d'une fraction par une

même quantité non nulle ni susceptible de devenir nulle, on obtient une fraction équivalente.

Application I - __Simplification d'une fraction__ A) cas d'une fraction rationnelle -

Ex: $\dfrac{2x^3+5x^2-2x-5}{x^2-1}$ le dénominateur étant égal à $(x+1)(x-1)$ la fraction donnée ne se simplifie que si son numérateur renferme le facteur $x+1$ ou le facteur $x-1$, or, pour $x=1$ le numérateur $=0$, il est donc divisible par $x-1$ faisons la division:

$$\begin{array}{r|l} 2x^3+5x^2-2x-5 & \underline{\quad x-1\quad} \\ \underline{-2x^3+2x^2} & 2x^2+7x+5 \\ \quad +7x^2-2x-5 & \\ \quad \underline{-7x^2+7x} & \\ \qquad\quad 5x-5 & \\ \qquad\quad \underline{-5x+5} & \\ \qquad\qquad\quad 0 & \end{array}$$

La fraction donnée peut donc s'écrire : $\dfrac{(x-1)(2x^2+7x+5)}{(x-1)(x+1)}$

tant que $x-1$ est différent de 0, on peut d'après le principe fondamental, diviser les deux termes de la fraction par $x-1$, ce qui donne $\dfrac{2x^2+7x+5}{x+1}$ fraction simplifiée équivalente en général à la 1ère sauf pour $x=1$; à son tour la fraction $\dfrac{2x^2+7x+5}{x+1}$ est simplifiable. En effet, $2x^2+7x+5$ est divisible par $x+1$.

$2-7+5=0$. et on peut écrire immédiatement, grâce à un procédé déjà vu: $2x^2+7x+5=(x+1)(2x+5)$ la fraction qu'on simplifie actuellement peut s'écrire $\dfrac{(x+1)(2x+5)}{(x+1)}$ et à condition que x soit différent de -1 elle est équivalente à $2x+5$

B Cas d'une fraction irrationnelle

Définition - Définissons d'abord les quantités conjuguées. Deux quantités irrationnelles sont conjuguées quand elles sont respectivement de la forme $a+\sqrt{b}$ et $a-\sqrt{b}$.

Puis traitons un exemple: simplifier la fraction irrationnelle $\dfrac{5+\sqrt{3}}{2-\sqrt{3}}$. Le procédé de simplification consiste à rendre le dénominateur rationnel et, à cet effet, on multiplie les deux termes de la fraction par la quantité conjuguée du dénominateur

Les calculs donnent: $\dfrac{5+\sqrt{3}}{2-\sqrt{3}}=\dfrac{(5+\sqrt{3})(2+\sqrt{3})}{(2-\sqrt{3})(2+\sqrt{3})}=\dfrac{10+6+7\sqrt{3}}{4-3}=\dfrac{13+7\sqrt{3}}{1}=13+7\sqrt{3}$

Application II - Réduction au même dénominateur de plusieurs fractions. On doit avoir soin de prendre toujours comme dénominateur commun le P.P.C.M. des dénominateurs on a déjà vu à propos des fractions numériques les opérations d'addition, de soustraction (pour lesquelles il faut réduire au même dénominateur) multiplication et division

(pour lesquelles il ne faut pas réduire au même dénominateur.

Forme particulière des fractions algébriques et formes indéterminées.

Un exemple suffira pour indiquer ces différentes formes :

soit la fraction $F = \dfrac{x^2 - 9}{x^2 - 4x + 3}$

1° pour $x = 2$ $F = \dfrac{-5}{-1} = 5$ (aucune difficulté)

2° pour $x = -3$ $F = \dfrac{0}{24}$ ou 0 (aucune difficulté)

3° pour $x = 1$ $F = \dfrac{-8}{0} = \infty$

4° pour $x = 3$ $F \ \dfrac{0}{0} =$ (indétermination)

Pour 3° — Quand dans une fraction le dénominateur tend vers 0 sans que le numérateur tende vers 0, la fraction croît indéfiniment en valeur absolue et si le dénominateur vient à s'annuler en changeant de signe, la fraction passe brusquement de $+\infty$ à $-\infty$ ou vice-versa.

Pour 4° — Si dans une fraction le numérateur et le dénominateur tendent en même temps vers 0 quand x tend vers a, la valeur de la fraction pour $x = a$ est indéterminée ; en simplifiant la fraction par suppression d'un facteur tel que $x - a$ au numérateur étant dénominateur, on obtient une fraction équivalente à la fraction donnée pour toute valeur de x autre que a, quand x varie en tendant vers a les deux fractions ont toujours la même valeur et même elles tendent vers une limite commune, mais avec cette différence capitale que la fraction simplifiée atteint cette limite pour $x = a$ tandis que la fraction donnée s'en rapproche indéfiniment sans jamais l'atteindre. Pour $x = a$ nous avons vu que la valeur de la fraction est indéterminée.

———

Cas où la variable x prend une valeur infinie.

1° Polynôme entier en x il devient infini avec x et son signe est celui de son terme de plus haut degré, il suffit pour le voir, de mettre en facteurs x^m si m est le degré du polynôme, ainsi : $3x^3 + 5x^2 - 2x - 8$ peut s'écrire :

$x^3\left(3 + \dfrac{5}{x} - \dfrac{2}{x^2} - \dfrac{3}{x^3}\right)$ tous les termes de la parenthèse autre que le 1er tendant vers 0 quand x devient infini, la parenthèse tend vers 3 et le polynôme a même

limite que $3x^3$, pour $x = -\infty$ il est égal à $-\infty$ et pour $x = +\infty$ il est $= +\infty$

$2°$: Fraction rationnelle soit d'une manière générale :

$$\frac{A x^{\alpha} + A_1 x^{\alpha-1} + \ldots}{B x^{\beta} + \ldots}$$

trois cas à distinguer (a) $\alpha > \beta$ la fraction devient infinie avec x et elle a le signe de $\frac{A}{B} x^{\alpha-\beta}$ il suffit pour le voir de

$$\frac{x^{\alpha}\left(A + \frac{A_1}{x} + \frac{A_2}{x^2} + \ldots\right)}{x^{\beta}\left(B + \frac{B_1}{x} + \ldots\right)} = \frac{A}{B} x^{\alpha-\beta}$$

(b). $\alpha < \beta$ la fraction tend vers 0 quand x devient infini, même manière de procéder.

Ex :
$$\frac{2x^2 - 7x + 5}{5x^4 - 2x^2 + 1} = \frac{x^2\left(2 - \frac{7}{x} + \frac{5}{x^2}\right)}{x^4\left(5 - \frac{2}{x^2} + \frac{1}{x^4}\right)}$$

et en négligeant dans chaque parenthèse les termes qui contiennent x ou dénominateur. On voit que quand x devient infini, la fraction se comporte comme $\frac{2 x^2}{5 x^4}$ ou $\frac{2}{5 x^2}$, cette dernière quantité tend vers 0 quand x devient infini.

(c). $\alpha = \beta$ la fraction pour $x = +$ ou $-$ l'infini tend vers une limite $= a \frac{A}{B}$

Ex :
$$\frac{2x^2 - 7x + 15}{3x^2 - x - 1} = \frac{x^2\left(2 - \frac{7}{x} + \frac{15}{x^2}\right)}{x^2\left(3 - \frac{1}{x} - \frac{1}{x^2}\right)}$$

Quand x devient infini cette fraction se comporte sensiblement comme $\frac{2 x^2}{3 x^2}$ ou $\frac{2}{3}$ autrement dit elle tend vers la valeur limite $\frac{2}{3}$.

Chapitre III.

Premier degré

Équations 1er degré - 1 inconnue

__Définition__ — Une équation est une égalité qui n'est vraie que si on attribue certaines valeurs à une ou à plusieurs lettres appelées inconnues ; ces valeurs s'appellent racines ou solutions de l'équation. Trouver ces racines ou solutions s'appelle résoudre l'équation.

On peut classer les équations en équations à une ou plusieurs inconnues, en équations rationnelles ou irrationnelles, en équations entières ou fractionnelles, en équations numériques ou littérales.

__Équations équivalentes__ : Deux équations sont dites équivalentes lorsqu'elles ont exactement les mêmes racines, de sorte que, pour démontrer l'équivalence de deux équations il faudra toujours prouver : 1° que toute solution de la première équation est solution de la seconde.

2° que toute solution de la seconde est solution de la première.

__Deux Principes fondamentaux__ président à la résolution des équations.

1er principe. Si aux deux membres d'une équation on ajoute une même quantité finie on obtient une équation équivalente.

2ème principe. Si on multiplie ou si on divise les deux membres d'une équation par une même quantité finie non nulle, on obtient une équation équivalente.

Donnons brièvement les démonstrations de ces principes.

__Principe I__ — Pour le 1er principe : soit $A = B$ (1) équation donnée.

C la quantité qu'on ajoute aux deux membres pour former : $A + C = B + C$ (2) A B et C sont des expressions contenant x soit x' une valeur de x solution de l'équation 1, elle fait prendre, si on remplace x par x' dans A B C, les trois expressions prennent des valeurs numériques $A' B' C'$, par hypothèse, x' est solution de 1, donc $A' = B'$ et si aux deux membres de cette égalité, on ajoute le même nombre C' on a $A' + C' = B' + C'$, or, cette égalité exprime que l'équation 2 est vérifiée pour $x = x'$

II. Toute solution x'' de l'équation 2 est solution de l'équation 1, on peut se dispenser de recommencer la démonstration en remarquant qu'on passe de l'équation 1 en ajoutant

aux deux membres — c par conséquent on se trouve dans le cas déjà étudié 1°.

Principe II. — Soit A = B (1) équation donnée.

C l'expression quelconque par laquelle on multiplie les deux membres de (1) pour former AC = BC (2)

Étudions l'équivalence des expressions 1 et 2 —

1° Toute solution de l'équation 1 est solution de l'équation 2 — Soit x' cette solution qui fait prendre à ABC une valeur numérique A'B'C' par hypothèse A' = B' ou A' - B' = 0

Or, les équations 1 et 2 peuvent s'écrire A - B = 0 et AC - BC = 0 ou C (A - B) = 0. Si on remplace x par x' dans l'équation (2), le premier membre devient, C'(A' - B') ce qui est évidemment nul puisque, par hypothèse, le facteur A' - B' est nul (Hyp.).

2° Voyons si une solution x" de l'équation 2 est nécessairement solution de l'équation 1 (les équations étant prises sous la forme A - B = 0 et C (A - B) = 0) Soit x" une solution de l'équation (2) l'hypothèse est donc C"(A" - B") = 0. Or, pour qu'un produit de facteurs soit nul il faut et il suffit qu'un des facteurs le soit ; si c'est A" - B" qui est nul, l'équation 1 est vérifiée, le principe est démontré, mais si c'est C" qui est nul, il n'y a pas de raison pour que A" - B" le soit ; il n'y a pas de raison pour que l'équation 1 soit vérifiée. Le 2ième principe n'est donc vrai qu'avec la restriction prévue par son énoncé savoir : La quantité C par laquelle on multiplie les deux membres de l'équation donnée ne doit pas devenir nulle.

Conséquences pratiques des principes fondamentaux.

Le premier principe permet de faire passer un terme d'un membre dans l'autre. En effet cela revient à ajouter aux deux membres les termes changés de signes.

Ex:
$$8x - 7 = 3 + 5x$$
$$-5x \qquad\qquad -5x$$
$$8x - 7 - 5x = 3$$

Principe II — permet 1° de simplifier les équations en divisant ses deux membres par une quantité non nulle. 2° de rendre entière une équation fractionnelle ce qu'on appelle couramment chasser les dénominateurs 3° Achever la résolution d'une équation du premier degré.

<u>Résolution d'une équation 1er degré à 1 inconnue.</u>

<u>Règle</u>. — 1° On chasse les dénominateurs et pour cela, on choisi comme dénominateur commun le plus petit multiple commun de tous les dénominateurs, il faut s'habituer à n'écrire ensuite que les numérateurs des différents termes de l'équation.

2° On effectue les calculs indiqués dans l'équation qui vient d'être mise sous forme entière.

3° On fait passer tous les termes en x dans un membre et tous les termes connus dans l'autre.

4° On fait la réduction des termes semblables et on groupe tous les termes en x en un seul, de manière à ramener l'équation à la forme $Ax = B$.

5° A la condition que A diff. de 0 on déduit que $x = \dfrac{B}{a}$.

<u>Remarque</u>. — Si $A = 0$ 5° n'est pas possible, on ne peut pas diviser les deux membres par 0 nous verrons tout à l'heure ce qui se passe.

<u>Exemple I</u> — Résoudre l'équation $\dfrac{x-3}{6} - \dfrac{2x-1}{8} = 2 - \dfrac{x-1}{4}$

$$D = 24$$
$$4x - 12 - 6x + 3 = 48 - 6x + 6$$
$$-2x + 6x = +12 - 3 + 48 + 6$$
$$4x = 63$$
$$x = \dfrac{63}{4}$$

<u>Discussion de l'équation générale du 1er degré à une inconnue</u> —

Quelle que soit l'équation du premier degré considéré les quatre premières parties de la règle peuvent se faire; ce qui ramène l'équation à la forme $ax = R$. C'est l'équation générale du premier degré. Trois cas peuvent se présenter:

1°) a diff. de $\neq 0$ $x = \dfrac{b}{a}$ 1 solution bien déterminée (5°).

2°) $a = 0$ $b \neq 0$ $0x = b$ impossibilité (solution infinie)

3°) $a = 0$ $0x = 0$ indétermination
      $b = 0$

<u>Exemple II</u> — On vient de voir un exemple du cas général, voyons des exemples des autres cas.
$$3x - \dfrac{1}{4} = 2 - \dfrac{5 - 12x}{4}$$
$$D = 4 \qquad 12x - 1 = 8 - 5 + 12x$$
$$12x - 12x = 8 - 5 + 1$$
$$0.x = 4 \qquad\qquad \text{impossibilité (0 solution)}$$

Exemple III. $\qquad \dfrac{4}{9} - \dfrac{3 - 2x}{6} = \dfrac{x}{3} - \dfrac{1}{-18}$

$D = 18$

$$8 - 9 + 6x = 6x - 1$$

$$6x = 6x - 1 - 8 + 9$$

$$6x - 6x = -1 - 8 + 9$$

$$0\,x = 0$$

indétermination.

Exemple IV. — Résoudre et discuter l'équation.

$\dfrac{5}{3} - \dfrac{x - 4m}{m - 1} = \dfrac{19 - 3x}{3}$ dans laquelle m est un paramètre (quantité connue dont la valeur n'est pas déterminée). Pour $m = 1$ la fraction $\dfrac{x - 4m}{m - 1}$ n'a pas de sens, par suite l'équation ne peut pas avoir solution.

Supposons $m \neq 1$

$D = 3(m - 1)$ $\qquad 5m - 5 - 3x + 12m = 19m - 19 - 3mx + 3x$

$$-3x = 3x + 3mx = -5m - 12m + 19m + 5 - 19$$

$$6x + 3mx = +2m - 14$$

$$3(m - 2)\,x = 2(m - 7)$$

si m est $\neq 2$ on peut appliquer le 5° de la Règle, l'équation a une solution : $x = \dfrac{2}{3}\,\dfrac{m - 7}{m - 2}$.

Si $m = 2$ l'équation devient $0 \cdot x = 4 - 10$ (imposs.). En résumé, l'équation proposée a une solution bien déterminée $x = \dfrac{2}{3}\,\dfrac{m - 7}{m - 2}$ tant que m est $\neq$ de 1 et de 2.

Pour $m = 1$ et aussi $= 2$ il y a impossibilité : l'équation n'a pas de solution.

Exemple V. $\qquad \dfrac{2}{x - 1} - \dfrac{2}{x^2 - 1} = \dfrac{5}{x + 1} + \dfrac{2x}{x^2 - 1}$ $\qquad\qquad D = x^2 - 1$

$$2(x + 1) - 2 = 5(x - 1) + 2x$$

$$2x - 5x - 2x = 2 + 2 - 5$$

$$5x = -5$$

$$x = -1$$

La valeur trouvée pour x $x = -1$ est une racine du dénominateur commun D pour $x = -1$ $D = 0$ comme on a multiplié les deux membres de l'équation primitive par D il est possible que la valeur $x = -1$ soit une solution étrangère introduite par cette multiplication, et ne convienne pas à l'équation proposée, il faut le vérifier. Pour $x = -1$ les termes $\dfrac{2}{x - 1}$, $\dfrac{2}{x^2 - 1}$, $\dfrac{2x}{x^2 - 1}$ n'ont pas de sens $x = -1$ n'est donc pas solution de l'équation proposée qui n'a aucune solution.

Ce cas se rencontre très rarement dans la pratique.

Inéquation du 1er degré à 1 inconnue

<u>Définition</u>. — Une inéquation est une inégalité qui n'est vraie que pour certaines valeurs de l'inconnue ou des inconnues ; la différence avec l'équation, est : ces valeurs ne sont plus des valeurs isolées comme pour les équations, ce sont toutes les valeurs d'un intervalle (a, b) c'est-à-dire, comprises entre une limite inférieure a et une limite supérieure b, ou bien ce sont toutes les valeurs supérieures d'un certain nombre.

<u>Deux principes relatifs aux inéquations</u> sont analogues à ceux qu'on a vu pour les équations.

1°). Si aux deux membres d'une inéquation, on ajoute une même quantité, on obtient une inéquation équivalente (c'est-à-dire qui a exactement les mêmes solutions que la première). 2°). Si on multiplie ou divise les deux membres d'une inéquation par une même quantité finie <u>non nulle</u>.

1°. Si cette quantité est positive, on obtient une inéquation équivalente.

2°. Si cette quantité est négative, on obtient une inéquation équivalente, à condition de changer le sens de l'inégalité.

<u>Démontrons</u> brièvement ces deux principes. Pour le 1er considérons l'inéquation $A > B$ (1)

1°) et soit c une quantité qui, ajoutée aux deux membres donne $A + c > B + c$ je dis que les inéquations (1) et (2) sont équivalentes. En effet, toute solution x' de (1) vérifie $A' > B'$ et fait prendre à c la valeur c', on a évidemment $A' + c' > B' + c'$ or, cette inégalité numérique exprime que x' est solution de l'inéquation 2, inversement, toute solution x'' de l'inéquation (2) est solution de l'inéquation (1) le raisonnement est le même que plus haut, puisqu'on passe de deux à un en ajoutant $-c$ aux deux membres.

2°) Partons encore de l'inéquation $A > B$ ou $A - B > 0$ (1), en multipliant les deux membres de cette inéquation par c on obtient $AC > BC$ ou $AC - BC > 0$ ou $c(a-b) > 0$ (2). Étudions l'équivalence des inéquations un et deux, sous leur seconde forme, toute solution x' de l'inéquation (1) donne au premier membre une valeur $a' - b'$ qui est positive, donc dans l'inéquation 2 dont le premier membre a pour valeur $c'(A' - B')$ le second facteur $A' - B'$ est positif et si le premier facteur

c' est aussi positif, l'inéquation (2) est vérifiée, au contraire, si c' est négatif on a pas $c'(A'-B')$ positif c' est l'inégalité de sens opposé qui est vraie. $c'(A'-B')$ négatif, il faut dans ce cas, changer le sens de l'inéquation (2) pour qu'elle soit équivalente à l'inéquation (1).

Réciproque — En partant d'une solution x'' de l'inéquation (2) se démontre d'une manière analogue, examinant successivement les deux cas $c'' > 0$ (positif) $c'' < 0$ (négatif)

Le principe I) permet de faire passer un terme d'une inéquation d'un membre dans l'autre.

Le principe II) permet de rendre entière une inéquation fractionnaire, mais il ne faut pas oublier de s'assurer du signe du dénominateur commun. Le 2ème principe permet aussi d'achever la résolution de l'inéquation du 1er degré à une inconnue.

Exemple. — résoudre $-7x > 2$ on a $x < -\dfrac{2}{7}$ (en appliquant le principe 2).

Exemple — résoudre $\dfrac{3x-2}{2x-1} > -3$ on peut l'écrire en réduisant au même dénominateur, mais sans chasser ce dénominateur : $\dfrac{3x-2}{2x-1} > \dfrac{-3(2x-1)}{2x-1}$ ou en faisant passer tout dans le premier membre.

$$\frac{3x-2+3(2x-1)}{2x-1} > 0 \quad \text{ou} \quad \frac{9x-5}{2x-1} > 0 \quad \text{deux cas sont à distinguer}$$

suivant le signe du dénominateur $2x-1$.

1er Cas — $x > \dfrac{1}{2}$ alors $2x-1$ est positif et en chassant ce dénominateur on a : $9x-5 > 0$ c'est-à-dire $x > \dfrac{5}{9}$, conclusion de ce premier cas. L'inéquation donnée est vérifiée pour toute valeur de x plus grande que $\dfrac{5}{9}$

2ème Cas — $x < \dfrac{1}{2}$ alors $2x-1$ est négatif, en chassant le dénominateur dans (2) on a : $9x-5 < 0$ ou $x < \dfrac{5}{9}$ l'inéquation donnée est vérifiée pour toute valeur de $x < \dfrac{1}{2}$. En résumé, on peut indiquer les résultats précédents sur une ligne figurative des valeurs de x.

$$x \quad -\infty \quad\quad 0 \;\; \tfrac{1}{2} \quad\quad +\infty$$

inéquation vérifiée · inéquation vérifiée

non vérifiée

Théorème — Le binôme du premier degré $ax+b$ change de signe en s'annulant pour une seule valeur de $x = -\dfrac{b}{a}$ pour les valeurs de x plus petites que $-\dfrac{b}{a}$ le binôme est de signe contraire à a pour les valeurs de x plus grandes que $-\dfrac{b}{a}$ il a le signe de a

La première partie du Théorème est évidente puisqu'il s'agit d'un binôme du premier degré a est différent de 0 et $ax+b = 0$ pour une valeur bien

déterminée $x = -\frac{b}{a}$ (désignons cette valeur par α) ; alors $ax + b$
peut s'écrire $a\left(x + \frac{b}{a}\right)$ ou $a(x - \alpha)$; la deuxième partie du théorème
devient alors évidente. Si x est $< \alpha$ $x - \alpha$ est négatif et le produit $a(x - \alpha)$ est
de signe contraire à celui de a ; si x est plus grand que α, $x - \alpha$ est > 0 et
$a(x - \alpha)$ est du signe de a.

<u>Marche à suivre pour résoudre une inéquation à une inconnue</u>.

<u>Règle</u> — 1º On fait passer tous les termes dans un même membre.

2º On réduit au même dénominateur en ayant soin de le conserver.

3º On effectue les calculs indiqués, on simplifie s'il y a lieu, on ramène ainsi l'inéquation à la forme $\frac{P}{q}$ positif ou négatif. $\frac{P}{q} > 0$ étant une fraction rationnelle, c'est-
à-dire, dont les deux termes P et q sont des polynômes entiers en x premiers entre eux.

4º On remplace l'inéquation $\frac{P}{q} > 0$ par l'inéquation équivalente $Pq > 0$

5º En décomposant autant qu'il est possible P et q en facteurs du 1er degré, du
second au plus, on est ramené à étudier le signe d'un produit de facteurs simples,
par conséquent, le signe de chaque facteur, ce qui, pour le 1er degré du moins, est une
application du théorème précédent.

<u>Exemple</u> — Prenons comme exemple celui déjà traité par une autre méthode.

Résoudre l'inéquation $\qquad \dfrac{3x - 2}{2x - 1} > -3$

on a successivement 1º) $\qquad \dfrac{3x - 2}{2x - 1} + 3 > 0$

2º) $\qquad \dfrac{3x - 2 + 3(2x - 1)}{2x - 1} > 0$

3º) $\qquad \dfrac{9x - 5}{2x - 1} > 0$

4º) $\qquad (9x - 5)(2x - 1) > 0$

5º) $\qquad$ L'étude des signes des facteurs binômes dans le premier

membre, donne le tableau suivant :

x	$-\infty$		$\frac{1}{2}$	$\frac{5}{9}$		$+\infty$
$9x - 5$		$-$		$-$		$+$
$2x - 1$		$-$		$+$		$+$
		vérifiée				vérifiée

<u>Remarque</u> — L'exemple précédent met en évidence une fois de plus le grand avantage qu'il y
a à décomposer en facteurs et surtout, l'intérêt qu'il y a à conserver une décomposition en facteurs, quand elle se présente d'elle-même dans les calculs. Un autre exemple de ce fait est celui d'équations se ramenant au premier degré, comme $(x - 3)$

$(2x+1)(ax+b)=0$ ce serait une faute grave d'effectuer les multiplications in-
diquées au premier membre, au contraire, en laissant l'équation sous cette forme
on voit immédiatement que les racines sont $x=3$ $x_2=-\frac{1}{2}$ $x_3=-\frac{b}{a}$

Equations irrationnelles

<u>Principe</u> — Si on élève au carré les deux membres d'une équation, on obtient une équation
qui n'est pas équivalente à l'équation proposée. L'équation qu'on obtient admet
toutes les solutions de la première, mais peut en admettre d'autres. Démontrons-le

Soit une équation $A=B$ (1) en élevant au carré on a $A^2=B^2$ ces deux é-
quations peuvent s'écrire $A-B=0$ (1)

$$(A-B)(a+B)=0 \qquad (2)$$

sous ces nouvelles formes on voit que toute solution de l'équation (1) annulant $A-B$
est aussi solution de l'équation (2), mais inversement, une solution de l'équation
(2) annule soit $A-B$ soit $A+B$. S'il annule $A-B$ il est solution de l'équation (1)
mais s'il annule $A+B$ elle n'est pas solution de l'équation (1) autrement dit
dans le cas où l'équation a des racines, ces racines qu'on trouve en résolvant l'é-
quation (2) ne conviennent pas à l'équation (1) on dit que ce sont des solutions é-
trangères à celle-ci, introduites par l'élévation au carré des deux membres.

<u>Remarque</u> — Si, au lieu d'élever au carré les deux membres d'une équation $A=B$ on les
élevait au cube et, d'une manière plus générale, à une puissance impaire, l'équation
(2) ainsi obtenue $A^3=B^3$ et est équivalente à l'équation de départ $A=B$ et pro-
tient en somme qu'un nombre algébrique n'a qu'une racine cubique tandis qu'il
a deux racines carrées (s'il est positif) ; c'est ce principe qui permet la résolution des
équations irrationnelles. Pour cela on isole le radical ou un des radicaux dans
un membre, par élévation au carré on fait disparaître ce radical, on répète plusieurs fois l'opération, s'il y a plusieurs radicaux, enfin on résoud l'équation rationnelle qui porte le nom de résolvante. Comme d'après le principe, précédent
les racines de la résolvante peuvent être étrangères à l'équation irrationnelle proposée, mais il faut savoir distinguer celles qui conviennent.

<u>Exemple</u> — Résoudre l'équation irrationnelle.

$$x + \sqrt{x^2+7} = 2x - 1$$

$$\sqrt{x^2+7} = x - 1 \qquad (1)$$

$$x^2 + 7 = (x-1)^2 \qquad (2) \quad \text{et en développant cette dernière}$$

qui est résolvante :
$$x^2 + 7 = x^2 - 2x + 1$$

ou :
$$2x = -6 \qquad x = -3$$

l'équation (2) admet une solution -3 pour voir si elle convient à l'équation (1), il suffit de voir si elle rend positif le second membre $x-1$ de cette équation (1) car de deux choses l'une, ou la solution de l'équation (2) est solution de l'équation (1) ou bien elle est solution de (1)', $\sqrt{x^2+7} = x - 1$ qu'on en déduit en changeant le signe du radical ; il apparaît alors que, pour une racine de l'équation (1) $x-1$ est positif, tandis que pour une racine de l'équation (1)' $x-1$ est négatif, dans l'exemple actuel -3 ne satisfait pas à l'équation (1) (et convient à l'équation (1)').

Conclusion : l'équation proposée $x + \sqrt{x^2+7} = x - 1$ n'a pas de solution.

<u>Exemple II</u>. — Résoudre et discuter l'équation irrationnelle $3 - \sqrt{m^2 x^2 - 2x - 5} = m^2$ l'équation peut s'écrire $\sqrt{m^2 x^2 - 2x - 5} = 3 - mx$ (1) en élevant les deux membres au carré on a $m^2 x^2 - 2x - 5 = (3 - mx)^2$ (2) et notons, dès maintenant, qu'une racine de cette résolvante, pour convenir à l'équation (1) doit rendre positif le second membre de l'équation (1) puisque dans le premier membre, le radical a le signe plus, autrement dit x doit satisfaire à la condition $3 - mx > 0$; cette condition est d'ailleurs suffisante pour que la racine de la résolvante convienne à l'équation (1) on serait tenté d'exprimer que la valeur de x rend positif, la quantité sous le radical dans l'équation (1) car ce n'est qu'à cette condition que le radical a un sens, mais il est inutile d'exprimer cette condition (et cela est général) car l'équation 2 exprime que $m^2 x^2 - 2x - 5$ est égal à un carré parfait ; par conséquent est positif, donc $3 - mx > 0$ est suffisant ! Résolvons donc l'équation (2)

$$m^2 x^2 - 2x - 5 = 9 - 6mx + m^2 x^2$$

$$-2x - 5 = -6mx + 9$$

$$-2x + 6mx = 9 + 5$$

$$x(6m - 2) = 14$$

$$2(3m - 1)x = 14$$

$$(3m - 1)x = 7$$

$$x = \frac{7}{3m-1} \qquad \text{à condition que } 3m-1 \text{ ne soit pas } \underline{nul}$$

$$\text{ou} \quad 3m - 1 \neq 0 \qquad \text{ou} \quad m \neq \tfrac{1}{3}$$

pour $m = \tfrac{1}{3}$ l'équation (2) n'a pas de racine et, par conséquent, l'équation (1) n'a pas de racine.

Discussion : on a trouvé la condition $3 - mx > 0$ et $x = \dfrac{7}{3m-1}$ (sauf pour $m = \tfrac{1}{3}$) pour voir si cette racine de (2) convient à (1), il faut donc résoudre l'inéquation $3 - m\,\dfrac{7}{3m-1} > 0$. Appliquons la règle pratique de résolution des inéquations on a successivement :

$$\frac{3\,(3m-1) - 7m}{3m-1} > 0$$

$$\frac{3m - 3}{3m - 1} > 0$$

$$(2m - 3)(3m - 1) > 0 \qquad \frac{(2m - 3)(3m - 1)}{-1}$$

on peut faire alors le tableau de discussion

m	$-\infty$		$\tfrac{1}{3}$	$\tfrac{3}{2}$		$+\infty$
$2m - 3$		$-$		$-$	$+$	
$3m - 1$		$-$		$-$	$+$	
		1 solut. de (1)			1 solut. de (1)	
		$x = \dfrac{7}{3m-1}$			$x = \dfrac{7}{3m-1}$	

Système d'Équations

Définition — Un système d'équations est l'ensemble de plusieurs équations à plusieurs inconnues qui doivent être simultanément vérifiées par les mêmes valeurs des inconnues.

Éliminer une inconnue x entre deux équations, c'est trouver une troisième équation déduite des deux premières et qui ne contienne plus la lettre x.

Théorème d'élimination par substitution. —

Un système d'équations est équivalent au système obtenu en résolvant l'une d'elles par rapport à une inconnue (comme si les autres étaient connues) et en remplaçant cette inconnue par sa valeur dans les autres équations.

Soit, par exemple, le système de deux équations

$$\text{I} \begin{cases} f(x\,y) = 0 \\ g(x\,y) = 0 \end{cases}$$

supposons qu'on résolve la première équation par rapport à x, ce qui donne $x = \varphi(y)$

Le système I' $\begin{cases} x = \varphi(y) \\ g(x\,y) = 0 \end{cases}$ est évidemment équivalent au système I puisque sa première équation n'est qu'une autre manière d'écrire la première équation du système

I; il s'agit de prouver que ce système I' et par conséquent, le système I est équivalent le système II

$$II \begin{cases} x = \varphi(y) \\ g\left[\varphi(y) \ y\right] = 0 \end{cases}$$

1° Soit $x = \alpha$ $y = \beta$ une solution du système I' c'est-à-dire qu'on a :

$$\begin{cases} \alpha = \varphi(\beta) \\ g(\alpha \times \beta) = 0 \end{cases}$$ la seconde égalité est encore vraie si on remplace α par $\varphi(\beta)$ qui lui est numériquement égal d'après la $1^{\text{ère}}$ égalité ; $\alpha = \varphi(\beta)$ on a donc :

$$g\left[\varphi(\beta) \ \beta\right] = 0 ;$$ ces deux égalités expriment que $x = \alpha$ et $y = \beta$ vérifient le système II.

2° Soit $x = \alpha'$ $y = \beta'$ une solution du système II.

$$\text{on a} \begin{cases} \alpha' = \varphi(\beta') \\ g\left[\varphi(\beta') \ \beta'\right] = 0 \end{cases}$$ cette égalité est encore vraie si on y remplace $\varphi(\beta')$ par α' on a donc $\begin{cases} \alpha' = \varphi(\beta') \\ g(\alpha' \ \beta') = 0 \end{cases}$ or, ces deux égalités expriment que $x = \alpha'$ et $y = \beta'$ constituent une solution du système I.

<u>Théorème d'élimination par addition ou soustraction.</u>

Les deux systèmes $A = 0$ $B = 0$ $C = 0$

$$I : \begin{cases} A = 0 \\ B = 0 \\ C = 0 \end{cases} \qquad II \begin{cases} A = 0 \\ B = 0 \\ mA + nB + pC = 0 \end{cases}$$

dans lesquels m n p sont des quantités quelconques, mais p étant différent de zéro, sont équivalents

1° Soit $x = \alpha$ $y = \beta$ $z = \gamma$ une solution du système I, il faut prouver que c'est une solution du système II comme les deux premières équations du système II sont les mêmes que dans le système I. Tout revient à prouver que $\alpha \ \beta \ \gamma$ vérifient la $3^{\text{ème}}$ équation du système II. Or, pour $x = \alpha$ $y = \beta$ $z = \gamma$ $A \ B \ C$ sont nuls par hypothèse, donc, dans le premier membre de l'équation $mA + nB + pC = 0$ tout est nul, l'équation est vérifiée.

2° Soit $x = \alpha'$ $y = \beta'$ $z = \gamma$ une solution du système II, il s'agit de prouver que c'est aussi une solution du système I. En effet, puisque $A \ B$ et $mA + nB + pC$

sont nuls, il en est de même de pc et comme p est différent de 0 on en conclut que c est nul.

<u>Résolution d'un système de deux équations du 1er degré à deux inconnues.</u>

Il y a deux méthodes déduites respectivement des deux théorèmes précédents :

1ère méthode : méthode de substitution.

<u>Règle</u> — 1° On résoud l'une des équations par rapport à l'une des inconnues, comme si l'autre était connue, on remplace, dans l'autre équation, l'inconnue par cette valeur.

2° On résoud la nouvelle équation obtenue qui ne renferme plus qu'une inconnue.

3° Pour avoir l'autre inconnue, on remplace l'inconnue trouvée par sa valeur dans la première équation (résolue par rapport à la 1ère inconnue).

2ème méthode : méthode d'élimination par addition (ou par réduction au même coefficient).

<u>Règle</u> — 1° On rend les équations entières, on fait passer les inconnues dans un membre et les termes connus dans l'autre.

2° On multiplie les deux membres de chaque équation par des nombres convenablement choisis pour que les coefficients d'une même inconnue soient égaux et de signes contraires dans les deux équations.

3° En ajoutant membre à membre, on obtient une équation à une inconnue qu'on résoud.

4° Pour obtenir la deuxième inconnue, on procède comme pour la première.

<u>Discussion</u> du système général de deux équations du premier degré à deux inconnues.

Tout système de deux équations du premier degré à deux inconnues est de la forme :

$$\begin{cases} ax + by = c \\ a'x + b'y = c' \end{cases}$$

Résolvons par la méthode de substitution. La première équation donne :

$$x = \frac{c - by}{a} \quad (1) \quad \text{à condition } a \neq 0 \text{ et en portant cette valeur de } x$$

dans la seconde équation on a : $\quad a' \dfrac{c - by}{a} + b'y = c'$

$$\text{ou : } \quad ca' - ba'y + ab'y = ac'$$

$$(ab' - ba')\, y = ac' - ca'$$

$$y = \frac{ac' - ca'}{ab' - ba'} \quad \text{à condition } ab' - ba' \neq 0$$

Dans ce cas, qui est évidemment le cas le plus général, on aura la valeur de x en portant la valeur de y dans la première équation du système donné, sous forme

résolue par rapport à x (1)

$$x = \frac{c - b\,\dfrac{ac' - ca'}{ab' - ba'}}{a} \qquad ou \qquad x = \frac{acb' - a' + a' - abc'}{\dfrac{ab' - ba'}{a}}$$

$$x = \frac{cb' - bc'}{(ab' - ba')} = \frac{cb' - bc'}{ab' - ba'} \qquad \text{à condition } ab' - ba' \neq 0$$

En résumé, si $ab' - ba'$ est différent de 0, le système du 1er degré admet une solution unique $x = \dfrac{cb' - bc'}{ab' - ba'}$ et $y = \dfrac{ac' - ca'}{ab' - ba'}$. On a supposé plus haut $a \neq 0$; cela n'est pas indispensable, car si a avait été nul, on eût résolu la première équation par rapport à l'autre inconnue y, $b \neq 0$ ou encore, la deuxième équation par rapport à l'une des inconnues x ou y. De toute manière, le résultat final eût été le même et suppose seulement que les quatre coefficients des inconnues ne sont pas tous nuls.

Supposons maintenant $ab' - ba' = 0$, les calculs faits plus haut peuvent être reproduits jusqu'au moment où on parvient à $(ab' - ba')y = ac' - ca'$ qui, dans l'hypothèse actuelle $0 \times y = ac' - ca'$, deux cas à distinguer; si $ac' - ca'$ est $\neq 0$ aucune valeur de y ne peut vérifier cette égalité, c'est donc un cas d'impossibilité pour le système lui-même. — 2ème Cas. Si $ac' - ca' = 0$ l'égalité précédente est $0y = 0$ et on sait que cela caractérise l'indétermination, y à une valeur arbitraire, mais cette valeur de y étant choisie, x s'en déduit par la première équation, mis sous la forme $x = \dfrac{c - by}{a}$ autrement dit une inconnue seulement est arbitraire, c'est pourquoi on dit que l'indétermination est du premier ordre, en mettant dans un tableau les résultats de l'étude précédente et en y ajoutant ce qui concerne le cas où les quatre coefficients de l'inconnue sont nuls on a :

$$\begin{array}{l}
a, b, a', b' \\ \text{non tous nuls}
\end{array}
\begin{cases}
ab' - ba' \neq 0 \quad\text{1 solution}\;
\begin{cases}
x = \dfrac{cb' - bc'}{ab' - ba'} \\[2mm]
y = \dfrac{ab' - ba'}{ab' - ba'}
\end{cases} \\[8mm]
ab' - ba' = 0
\begin{cases}
ac' - ca' \neq 0 & (0 \text{ solut.}) \ (\text{impossibilité}) \\
ac' - ca' = 0 & (\text{indétermin.}) \ (1 \text{ inconnue arbitraire})
\end{cases}
\end{cases}$$

$$ab = a'b' = 0
\begin{cases}
c, c' \ \text{non tous nuls} & (0 \text{ solut.}) \ (\text{impossibilité}) \\[2mm]
c = c' = 0 & (\text{indétermin.}) \ (x \text{ et } y \text{ arbitraires})
\end{cases}$$

Exemple. — Résoudre et discuter le système
$$I\begin{cases} 4x - my = 6 + m \\ mx - y = 2m \end{cases}$$

Appliquons la méthode de substitution.

On a :
$$\text{II} \begin{cases} y = m\,x - 2\,m \\ 4\,x - m\,(m\,x - 2\,m) = 6 + m \end{cases}$$

Cette dernière équation s'écrit $4\,x - m^2\,x + 2\,m^2 = 6 + m$ ou $(m^2 - 4)\,x = 2\,m^2 - m - 6$; ici il convient de distinguer plusieurs cas $-$ 1° $m^2 - 4 \neq 0$ alors, de l'équation précédente, on tire $x = \dfrac{2\,m^2 - m - 6}{m^2 - 4}$ le dénominateur de $m^2 - 4$ étant égal à $(m + 2)(m - 2)$ la valeur de x peut être simplifiée si le numérateur est divisible par $m + 2$ ou par $m - 2$, il est divisible par $m - 2$ car pour $m = 2$ il prend la valeur numérique $8 - 2 - 6 = 0$; il est d'ailleurs égal à $(m - 2)(2\,m + 3)$ et par conséquent x peut s'écrire $x = \dfrac{(m - 2)(2\,m + 3)}{(m + 2)(m - 2)}$ ou $x = \dfrac{2\,m + 3}{m + 2}$. Quand à y sa valeur est donnée par la première équation du système II $y = m\,x - 2\,m = m\,\dfrac{2\,m + 3}{m + 2} - 2\,m$ ou $= \dfrac{-m}{m + 2}$

2° $m = 2$ le système donné devient
$$\text{et I} \begin{cases} 2\,x - y = 4 \\ 4\,x - 2\,y = 8 \end{cases}$$
ou en simplifiant la 2ᵐᵉ équation
$$\begin{cases} 2\,x - y = 4 \\ 2\,x - y = 4 \end{cases} \text{ les deux équations}$$
réduisent à une seule. Une des inconnues est arbitraire, c'est l'indétermination du 1ᵉʳ ordre.

3° $m = -2$ le système donné devient :
$$\begin{cases} -2\,x - y = -4 \\ 4\,x + 2\,y = 4 \end{cases}$$
qu'on peut écrire
$$\begin{cases} 2\,x + y = 4 \\ 2\,x + y = 2 \end{cases}$$
Les deux équations se contredisent, on dit qu'elles sont incompatibles, c'est ce que dans le cas de la théorie, nous avons appelé le cas de l'impossibilité, le système donné n'a pas de résolution.

<u>Résolution</u> d'un système de n équations du 1ᵉʳ degré à p inconnues.

La méthode consiste à appliquer autant de fois que possible le théorème de substitution, et pour procéder avec ordre, convient d'opérer par systèmes équivalents comme l'indiquent les théorèmes suivants, nous distinguerons 3 cas suivant grandeur relative de n et de p.

1° $n = p$ il y a autant d'équations que d'inconnues :

$$\text{In}\begin{cases} \underline{x\,y\,z\ldots} = 0 \\ \texttt{-------} = 0 \\ \texttt{-------} = 0 \\ \texttt{-------} = 0 \\ \texttt{-------} = 0 \end{cases} \qquad \text{II}\begin{cases} x = y\,z\ldots \\ \\ (n-1)\ \text{équ. à }(p-1)\ \text{inconnues} \end{cases} \qquad \text{III}\begin{cases} x = (y\,z\,\ldots) \\ y = (z\ \text{etc}\ldots) \\ (n-2)\ \text{équ. }(p-2)\ \text{inconnues} \end{cases}$$

en continuant ainsi, on arrive nécessairement après $n-1$, opérations au système

$$(N)\begin{cases} x = y\,z\,r\,\texttt{--------} \\ y = z\,r\,\texttt{--------} \\ z = r\,\texttt{--------} \\ \texttt{------------} \\ 1\ \text{équ. à }1\ \text{inconnue .} \end{cases}$$

dans lequel système les $n-1$ premières équations sont résolues par rapport à une des inconnues et la dernière équation ne renferme plus que la dernière inconnue, en général, cette dernière équation a une solution par rapport à l'inconnue qui fait connaître la valeur de la dernière inconnue, et en reportant cette valeur dans l'équation précédente du système N, on détermine la valeur de l'avant dernière inconnue et ainsi de suite en remontant les équations du système N, on trouve à chaque fois la valeur d'une nouvelle inconnue.

Dans des cas particuliers, la dernière équation du système N peut être impossible, alors tout le système est impossible, dans des cas plus particuliers encore cette dernière équation est indéterminée $(0 \cdot x = 0)$. La dernière inconnue est arbitraire, le système lui-même a une indétermination qui est au moins du 1er ordre, mais qui peut être d'un ordre supérieur si les équations qui précèdent la dernière sont elles-mêmes de la forme $0\,x = 0$.

2° $n > p$ il y a plus d'équations que d'inconnues, si on laisse d'abord de côté les $n-p$ dernières équations on a un système de p équations à p inconnues qui admet, en général, une solution déterminée; en général aussi, cette solution ne vérifie pas les $n-p$ équations mises d'abord de côté, et par conséquent, le système donné est, en général impossible.

Dans des cas particuliers, les $n-p$ dernières équations étant vérifiées par la solution des p premières, le système donné admet une solution. Dans les cas plus particuliers le système peut devenir indéterminé.

3° $n < p$ il y a plus d'inconnues que d'équations. Si on prend arbitrairement les valeurs de $p-n$ inconnues, on obtient un système de n équations à n inconnues qui admettent en général une solution déterminée par rapport à ces n inconnues, donc en général, le système donné, dans lequel $p-n$ inconnues ont pu être choisies arbitrairement présente une indétermination dans l'ordre $p-n$. Dans des cas plus particuliers, le système peut être impossible ou bien il peut être indéterminé d'ordre supérieur à $p-n$; mais dans aucun cas, le système actuel n'aura une solution déterminée.

<u>Remarque</u> — Certains systèmes d'équations se résolvent plus facilement à l'aide d'artifices de calcul par exemple, en additionnant membre à membre toutes les équations du système, il peut arriver que l'équation ainsi obtenue comparée à chacune des équations du système donne immédiatement la valeur de chaque inconnue.

— ▬ —

<u>Problèmes du 1er degré</u>

La résolution d'un problème d'algèbre comprend en principe trois parties 1° la mise en équation 2° la résolution de l'équation ou du système d'équation. 3° la discussion.

Mise en équation : en étudiant avec soin l'énoncé du problème, on fait le choix des inconnues si celles-ci ne sont pas imposées dans l'énoncé, puis on traduit par des relations ou (équations) entre les données et les inconnues, tout ce qui est explicitement ou implicitement contenu dans l'énoncé. Quand un problème est bien déterminé, on doit trouver autant d'équations que d'inconnues.

<u>Résolution des équations</u> — Cette partie a été vue en détails, d'ailleurs, dans la rédaction d'une solution on ne la sépare pas de la mise en équations, au contraire, on met à part la discussion.

2° <u>Discussion</u> Les inconnues peuvent être assujetties à des conditions de grandeur ou de signe, soit par des considérations de nature, soit par des considérations de géométrie (problèmes de géométrie) soit par des considérations algébriques (équations irrationnelles) etc...

Déterminer exactement ces conditions s'appelle poser la discussion. La discussion proprement dite consiste à rechercher les relations que doivent vérifier les données pour que les conditions de grandeur ou de signe soient vérifiées, on détermine ainsi les conditions de possibilité ou d'impossibilité du problème, enfin la discussion d'un problème comprend souvent l'interprétation d'une solution négative.

<u>Remarque</u> — La discussion n'existe vraiment que dans les problèmes dont les données sont littérales, quand les données sont purement numériques, la discussion proprement dite disparaît, mais on peut avoir à interpréter une solution négative.

— ▬ —

Chapitre IV
Second degré

Équation du second degré à une inconnue —

L'équation est du second degré quand, mise sous forme entière, elle renferme l'inconnue au second degré, sans la renfermer à une puissance supérieure. Toute équation du second degré en x peut donc être ramenée à la forme :

$$(1) \quad ax^2 + bx + c = 0$$

dans laquelle tous les termes sont passés dans le premier membre où a désigne le coefficient total de x^2, b l'ensemble des coefficients de x et c l'ensemble des termes constants. On dit que l'équation générale du second degré $ax^2 + bx + c = 0$, a, b, c s'appellent les coefficients.

Résolution de l'équation du second degré. Nous supposerons $a \neq 0$ sans quoi l'équation ne serait pas l'équation du second degré ; en multipliant les deux membres de l'équation par $4a$ on obtient l'équation équivalente à $4a^2 x^2 + 4abx + 4ac = 0$ que l'on peut écrire en ajoutant et retranchant b^2

$$4a^2 x^2 + 4abx + b^2 - b^2 + 4ac$$

Les trois premiers termes sont le développement du carré de $2ax + b$ l'équation peut s'écrire

$$(2ax + b)^2 = b^2 - 4ac \quad (2)$$

cette équation 2 est équivalente à l'équation (1) si $b^2 - 4ac$ est positif, on peut continuer les calculs : et de (2) on déduit :

$$2ax + b = \pm \sqrt{b^2 - 4ac}$$
$$2ax = -b \pm \sqrt{b^2 - 4ac}$$
$$x = \frac{-b \pm \sqrt{b^2 - 4ac}}{2a}$$

c'est ce qu'on appelle la formule de résolution de l'équation du second degré ; elle donne les valeurs des deux racines de l'équation qui existent dans le cas où nous nous sommes placés. $b^2 - 4ac$ positif, ces racines sont

$$x' = \frac{-b - \sqrt{b^2 - 4ac}}{2a} \qquad x'' = \frac{-b + \sqrt{b^2 - 4ac}}{2a}$$

Revenons à l'équation 2 et supposons $b^2 - 4ac$ négatif. Alors cette équation est une impossibilité car un carré ne saurait être négatif et par conséquent, l'équation 1 n'a pas de racine.

Enfin, si $b^2 - 4ac = 0$ l'équation (2) se réduit à $2ax + b = 0$ $2ax = -b$ $x = -\frac{b}{2a}$ l'équation du second degré n'a plus qu'une racine. Toutefois, si l'on remarque que dans le cas de $b^2 - 4ac$ positif, les deux racines distinctes x' et x'' diffèrent de $-\dfrac{b}{2a}$ l'une en plus, l'autre en moins, de la même quantité $\dfrac{\sqrt{b^2-4ac}}{2a}$ on voit que b^2-4ac

devenant de plus en plus petit, les deux racines diffèrent de moins en moins de $-\dfrac{b}{2a}$, lorsque

b^2-4ac est nul, elles viennent toutes deux se confondre avec $-\dfrac{b}{2a}$; on est ainsi conduit

à dire que pour $b^2-4ac=0$ la racine unique $x=-\dfrac{b}{2a}$ de l'équation du second degré

est une racine double. On dit aussi parfois qu'il y a deux racines égales. En résumé on a

le tableau suivant : 1°) $b^2-4ac>0$ 2 racines distinctes : $x=\dfrac{-b\pm\sqrt{b^2-4ac}}{2a}$

          2°) $b^2-4ac=0$ 1 racine double : $x=-\dfrac{b}{2a}$

          3°) $b^2-4ac<0$ 0 racine   "

La quantité b^2-4ac a reçu le nom de discriminant et se désigne couramment par

grand delta Δ

Remarque I — Formule en b'

Dans le cas où le coefficient b de $ax^2+bx+c=0$ est pair, et d'une manière plus

générale, renferme le facteur 2 en évidence, on désigne par b' la moitié de b on pose $b=2b'$

alors la formule de résolution peut s'écrire $x=\dfrac{-2b'\pm\sqrt{4b'^2-4ac}}{2a}=\dfrac{-b'\pm\sqrt{b'^2-ac}}{a}$

c'est la formule en b' qu'il faut toujours appliquer quand $b=2b'$

De même qu'on avait désigné par Δ la quantité b^2-4ac on désignera par Δ' la

quantité b'^2-ac et bien que Δ' soit $=\dfrac{\Delta}{4}$ on l'appellera encore discriminant.

Remarque II — Coefficients extrêmes de signes contraires

Dans le cas où les coefficients a et c sont de signes contraires, il n'y a pas besoin d'at-

tendre d'avoir formé Δ et de constater qu'il est positif, pour affirmer que les racines existent

En effet, si a et c sont de signes contraires $\Delta=b^2-4ac$ est la somme de deux quantités

positives b^2 qui est un carré, et $-4ac$ qui est positif ; quand a et c sont de signes con-

traires ac est négatif comme $-$ il y a le signe $-$ devant 4 $-$ par $-$ $=+$.

Règle pratique de résolution d'une équation du second degré. —

1° On amène l'équation à la forme $ax^2+bx+c=0$

2° On forme Δ ou Δ' on le simplifie et on regarde si Δ ou Δ' est carré parfait.

3° On écrit la formule de résolution : $x=\dfrac{-b\pm\sqrt{\Delta}}{2a}$ ou $x=\dfrac{-b'\pm\sqrt{\Delta'}}{a}$ puis

on calcule séparément x' correspondant au signe $-$ dans le radical et x'' correspondant

au signe plus, il va sans dire que, si dans 2° on trouve Δ négatif, on s'en tient là ; l'é-

quation n'a pas de racines et si on trouve $\Delta=0$ il y a une racine double dont on écrit

immédiatement la valeur $\quad x = -\dfrac{b}{2a}$

Exemple I — Résoudre : $\qquad x^2 + px + q = 0$

$$\Delta = p^2 - 4q$$

$$x = \dfrac{-p \pm \sqrt{p^2 - 4q}}{2} = -\dfrac{p}{2} \pm \sqrt{\dfrac{p^2}{4} - q}$$

On considère parfois l'équation $x^2 + px + q = 0$ comme équation générale du second degré, auquel cas la formule générale de résolution est celle qu'on vient d'écrire.

Exemple II. — $\qquad -14\,x^2 + 19\,x + 3 = 0$

$$\Delta = 19^2 + 168$$

$$\Delta = 361 + 168 = 529 = 23^2$$

$$x = \dfrac{-19 \pm 23}{-28}$$

$$x' = \dfrac{-19 - 23}{28} = \dfrac{-42}{28} = \dfrac{3}{2}$$

$$x'' = \dfrac{-19 + 23}{-28} = \dfrac{4}{-28} = -\dfrac{1}{7}$$

Exemple III — Résoudre l'équation :

$$x^2 - 2ax + a^2 = \dfrac{x^2 - 12bx + 8ab}{4}$$

$$4x^2 - 8ax + 4a^2 - x^2 + 12bx - 8ab = 0$$

$$3x^2 + 4(3b - 2a)x + 4a(a - 2b) = 0$$

$$\Delta' = 4(3b - 2a)^2 - 3 \times 4a(a - 2b)$$

$$\Delta' = 4(9b^2 - 12ab + 4a^2 - 3a^2 + 6ab)$$

$$\Delta' = 4(a^2 - 6ab + 9b^2)$$

$$\Delta' = 4(a - 3b)^2$$

$$x = \dfrac{-2(3b - 2a) \pm 2(a - 3b)}{3}$$

$$x' = \dfrac{-6b + 4a + 2a - 6b}{3} = \dfrac{2a}{3}$$

$$x'' = \dfrac{-6b + 4a + 2a - 6b}{3} = \dfrac{6(a - 2b)}{3} = 2(a - 2b)$$

Relations entre coefficients et racines.

Théorème — Quand l'équation $ax^2 + bx + c = 0$ a des racines distinctes $(\Delta > 0)$ la somme des racines est égale à $-\dfrac{b}{a}$ et le produit des racines est égal à $\dfrac{c}{a}$

$$\begin{cases} x' + x'' = -\dfrac{b}{a} \\[2mm] x'\,x'' = \dfrac{c}{a} \end{cases}$$

sont appelés relations entre coefficient et racines.

Démonstration I — C'est une simple vérification par le calcul, en partant des formules de résolution

on a :
$$x' = \frac{-b - \sqrt{b^2 - 4ac}}{2a}$$

$$x'' = \frac{-b + \sqrt{b^2 - 4ac}}{2a}$$

d'où, en ajoutant membre à membre :
$$x' + x'' = \frac{-b - \sqrt{b^2 - 4ac} - b + \sqrt{b^2 - 4ac}}{2a} = \frac{-2b}{2a} = -\frac{b}{a}$$

en multipliant les formules de $x' x''$ on a :
$$x' x'' = \frac{-b - \sqrt{b^2 - 4ac}}{2a} \times \frac{-b + \sqrt{b^2 - 4ac}}{2a} = \frac{(-b)^2 - (\sqrt{b^2 - 4ac})^2}{4 a^2}$$

$$= \frac{b^2 - b^2 + 4ac}{4 a^2 a} = \frac{c}{a}$$

<u>Démonstration II</u>. Puisque par hypothèse, les racines x' et x'' existent le polynôme $a x^2 + b x + c$ s'annule pour $x = x'$ dont il est divisible par $x - x'$ autrement dit admet $x - x'$ comme facteur, il admet de même le facteur $- x''$ et par suite, on peut écrire :
$$a x^2 + b x + c \equiv (x - x')(x - x'') \, k$$

Or k est une constante égale à a d'abord c'est une constante puisque le produit $(x - x')(x - x'')$ est du second degré en x que le résultat obtenu en le multipliant par k doit rester du second degré comme le premier membre. Développons termes par termes le second membre, puis identifions les deux membres (c'est-à-dire égalons les coefficients des mêmes puissances de x) on a :
$$a x^2 + b x + c \equiv k x^2 - k (x' + x'') x + k x' x''$$

$$a = k$$

$$b = - k (x' + x'')$$

$$c = k x' x''.$$

si l'on tient compte de la première égalité $k = a$ les deux autres s'écrivent :
$$\begin{cases} b = - a (x' + x'') \\ c = a x' x'' \end{cases} \qquad \begin{cases} x' + x'' = -\dfrac{b}{a} \\ x' x'' = \dfrac{c}{a} \end{cases}$$

<u>Application I</u> — Trouver deux nombres connaissant leur somme et leur produit. Soit s la somme et p le produit donné, x et y les deux nombres demandés. On a le système d'équation :
$$\begin{cases} x + y = s \\ x \times y = p \end{cases}$$
en le résolvant par la méthode de substitution on a :
$$\begin{cases} y = s - x \\ x \times (s - x) = p \end{cases} \quad \text{ou} \quad \begin{cases} y = s - x \\ x^2 - s x + p = 0 \end{cases}$$

c'est une équation du second degré qui donne pour x deux valeurs x' et x'' si $s^2 - 4p > 0$ (condition de possibilité du problème) si on prend pour x la première valeur x' la valeur correspondante de y donnée par la première équation du système

est $s - x'$, remarquons immédiatement que $s - x'$ n'est pas autre chose que x''.

Si on prend pour x la valeur x'' $y = s - x''$ c'est-à-dire à x' de sorte que le problème n'admet, en définitive, qu'une solution composée des deux nombres x' et x'', d'où règle pratique, pour trouver deux nombres connaissant leur somme et leur produit, on forme une équation du second degré dans laquelle le coefficient de x^2 est pris égal à l'unité; le coefficient de $x =$ à la somme changée de signes; le terme constant égal au produit; il n'y a plus ensuite qu'à résoudre l'équation.

<u>Remarque</u> — On aurait pu écrire dès le début l'équation $x^2 - sx + p = 0$ et dire que ses racines sont solutions de la question, mais on ne serait pas certain que le problème n'admet pas d'autres solutions.

<u>Application II</u>. Étude des signes des racines d'une équation du second degré

Grâce aux relations entre coefficients et racines on peut déterminer, a priori, les signes des racines des équations, mais on devra s'assurer d'abord que les racines existent. Le tableau suivant donne la solution de cette question.

Signes des racines de $a x^2 + b x + c = 0$

$$\Delta \geq 0$$

		Signes des racines	
$\dfrac{c}{a} > 0$	$-\dfrac{b}{a} > 0$	$+$	$+$
	$-\dfrac{b}{a} < 0$	$-$	$-$
$\dfrac{c}{a} < 0$	$-\dfrac{b}{a} > 0$	$+$	$-$ la racine $+$ est la plus grande en valeur absolue
	$-\dfrac{b}{a} < 0$	$+$	$-$ la racine $-$ est la plus grande en valeur absolue

<u>Règle</u> — Pour étudier a priori les signes des racines d'une équation du second degré, quand les racines existent, il faut étudier successivement, et dans cet ordre, le signe du produit et le signe de la somme.

<u>Remarque</u> — Le tableau précédent ne tient pas compte des cas particuliers $\dfrac{c}{a} = 0$ et $\dfrac{b}{a} = 0$ c'est-à-dire $c = 0$ et $b = 0$. C'est qu'en effet, dans ces deux cas, la détermination a priori des signes des racines, n'a pas lieu d'être faite, car l'équation du second degré est alors ce qu'on appelle une équation incomplète et la résolution en est immédiate.

<u>1er type d'équation incomplète</u>. Quand $c = 0$

$$a x^2 + b x = 0$$

on peut l'écrire $x\,(a\,x + b) = o$ et les deux racines sont $x = 0$ et $x = -\frac{b}{a}$ il était d'ailleurs évident qu'une des racines fût o puisque par hypothèse c et par suite le produit $\frac{c}{a}$ des racines était $= a.o$

2ème type d'équation incomplète : $b = o$

$$a\,x^2 + c = o$$

elle s'écrit : $a\,x^2 = -c$ si $-c$ n'est pas du signe de a c'est une impossibilité, sinon on peut, de l'égalité $x^2 = -\frac{c}{a}$ si $-c$ n'est pas du signe de a c'est une impossibilité; si $-c$ est du signe de a on en déduit $x = \pm\sqrt{\frac{c}{a}}$ l'équation a deux racines opposées, et ceci pouvait être prévu, puisque par hypothèse b et par suite la somme $-\frac{b}{a} = o$

Nous profiterons de l'occasion offerte par les équations incomplètes du second degré, pour rappeler un autre type d'équation du second degré, qu'il ne faut jamais résoudre en formant Δ par la formule de résolution; ce type est celui dans lequel le premier membre de l'équation est décomposé en produits de facteurs du 1er degré; la résolution est en effet immédiate; ainsi $(3x-2)(x+5) = o$

les racines sont : $x' = \frac{2}{3}$ $x'' = -5$

On peut y arriver par le produit des racines.

Exercice — Etudier la nature et les signes des racines de l'équation :

$$(m-1)\,x^2 - 2\,m\,x + m - 3 = o \quad \text{quand m varie}$$

Pour que les racines existent il faut Δ ou $\Delta' \geqslant 0$

c'est-à-dire ici $m^2 - (m-1)(m-3) \geqslant 0$

ou $m^2 - (m^2 - 4m + 3) \geqslant 0$

$$4m - 3 \geqslant 0$$

$$m \geqslant \frac{3}{4}$$

On enregistre dès maintenant ce premier résultat dans un tableau ayant pour point de départ une ligne figurative des valeurs du paramètre m

m	$-\infty \quad\quad \frac{3}{4}$	$\frac{3}{4} \quad\quad 1$	$1 \quad\quad 3$	$3 \quad\quad +\infty$
P	/////	$+$	$-$	$+$
S	/////	$-$	$+$	$++$

$$x < x'' < 0 \qquad x' < 0 < x'' \qquad 0 < x' < x''$$

$$x' = x'' = -3 \qquad x' = \infty \qquad x'' = 0$$
$$x'' = -1 \qquad x' = 3$$

Pour étudier les signes des racines quand elles existent, considérons d'abord le produit des racines $P = \dfrac{m-3}{m-1}$ qui change de signe en passant par 0 pour $m = 3$ et en passant par l'infini pour $m = 1$. Inscrivons sur une ligne dans le tableau ces signes de P ; étudions le signe de la somme $S = \dfrac{2m}{m-1}$ qui change de signe en passant par 0 pour $m = 0$ et en passant par l'infini pour $m = 1$.

Marquons ces signes sur une ligne du tableau. Il est alors facile de conclure sur une dernière ligne du tableau. Il reste enfin à étudier les cas particuliers correspondant aux limites d'intervalles, c'est-à-dire ici les trois cas de $m = \dfrac{3}{4}$ $m = 1$ $m = 3$

pour $m = \dfrac{3}{4}$ $\Delta = 0$ il y a une racine double $x' = x'' = \dfrac{2m}{2m-1} = \dfrac{\frac{3}{4}}{\frac{3}{4}-1} = \dfrac{\frac{3}{4}}{-\frac{1}{4}} = -3$

Pour $m = 1$ le coefficient de x^2 dans l'équation est nul et l'équation s'abaisse au 1er degré (1 racine). Nous profiterons de cet exemple pour dire que, d'une manière générale, quand le coefficient de x^2 dans une équation du second degré devient nul la racine qui disparaît devient infinie. On constate d'ailleurs que le produit P et la somme S sont infinis, ce qui s'accorde bien avec l'affirmation précédente. La racine qui reste finie pour $m = 1$ est aisée à calculer

c'est $\dfrac{m-3}{2m} = \dfrac{-2}{2} = -1$

Supposons enfin $m = 3$ $P = 0$ et il y a une racine nulle, en se reportant à l'équation même, on voit que l'autre racine qui n'est pas nulle sera $x = \dfrac{2m}{m-1} = \dfrac{6}{2} = 3$

Problèmes utilisant les relations entre coefficients et racines. —

Problème I — Calculer une fonction symétrique des racines. Définition : On appelle fonction symétrique de deux variables x et y une fonction de ces lettres qui ne changent pas quand on y remplace x par y et y par x ainsi $x + y$ est une fonction symétrique de x et de y $x-y$ n'est pas fonction symétrique $(x-y)^2$ est fonction symétrique.

On a la propriété suivante :

Toute fonction symétrique rationnelle de deux nombres s'expriment rationnellement en fonction de la somme et du produit de ces nombres.

Exemple — Calculer la quantité $\dfrac{\alpha}{\beta} + \dfrac{\beta}{\alpha}$ α et β étant les racines de l'équation $3x^2 - 7x - 2 = 0$ l'expression à calculer E peut s'écrire $\dfrac{\alpha^2 + \beta^2}{\alpha\beta} = \dfrac{(\alpha+\beta)^2 - 2\alpha\beta}{\alpha\beta}$ comme les relations entre coefficients et racines (applicable, puisque les coefficients extrêmes sont de signes contraires. Ces relations : $\alpha + \beta = \dfrac{7}{3}$

$$\alpha \beta = -\dfrac{2}{3} \quad \text{on a :}$$

$$E = \frac{\left(\dfrac{7}{3}\right)^2 - 2\left(-\dfrac{2}{3}\right)}{-\dfrac{2}{3}} = \frac{\dfrac{49}{9} + \dfrac{4}{3}}{-\dfrac{2}{3}} = \frac{\dfrac{49}{9} + \dfrac{12}{9}}{-\dfrac{6}{9}} = \frac{61}{-6} = -\frac{61}{6}$$

<u>Problème II</u> — (<u>Équations transformées</u>).

Étant donné une équation du second degré, former une autre équation du second degré dont chaque racine soit liée à une racine de l'équation donnée par une relation déterminée.

C'est ainsi qu'on peut avoir à former l'équation aux inverses, la transformer en $x + h$ la transformer en $k x$ et de même la transformer en $\dfrac{ax+b}{a'x+b'}$

<u>Exemple</u> — Former l'équation aux inverses $2x^2 - 8x - 5 = 0$ Il s'

Il s'agit de former l'équation du second degré en y dont les racines y' et y'' soient les inverses des racines x' et x'' de l'équation donnée.

$$y' = \frac{1}{x'} \qquad y'' = \frac{1}{x''}$$

pour cela, l'on part des relations entre coefficients et racines dans l'équation donnée.

$$x' + x'' = 4 \qquad x'x'' = -\frac{5}{2}$$

puis on écrit les relations entre coefficients et racines dans l'équation cherchée

$$y' + y'' = \frac{1}{x'} + \frac{1}{x''} = \frac{x'+x''}{x'y''} = -\frac{8}{5}$$

$$y'\,y'' = \frac{1}{x'} \cdot \frac{1}{x''} = \frac{1}{-\dfrac{5}{2}} = -\frac{2}{5}$$

connaissant la somme $y' + y''$ et le produit $y'.y''$ on peut écrire l'équation du second degré en équation en y

$$y^2 + \frac{8}{5} y - \frac{2}{5} = 0 \quad \text{ou} \quad 5y^2 + 8y - 2 = 0$$

c'est l'équation aux inverses cherchée.

<u>Autre solution du problème</u> —

Désignons par x une des racines de l'équation donnée par y une des équations cherchée, on doit avoir $y = \dfrac{1}{x}$ donc $x = \dfrac{1}{y}$ n'écrivons que x pris sous la forme $\dfrac{1}{y}$ qui vérifie l'équation, cela fait : $2\left(\dfrac{1}{y}\right)^2 - 8\left(\dfrac{1}{y}\right) - 5 = 0$ cette égalité vérifiée par y n'est autre que l'équation cherchée mise sous forme entière en multipliant les deux membres par y^2 elle s'écrit

$$2 - 8y - 5y^2 = 0 \quad \text{ou} \quad 5y^2 + 8y - 2 = 0$$

Remarque — D'une manière générale, comme le montre cette dernière solution, l'équation aux inverses de $a x^2 + b x + c = 0$ est $c y^2 + b y + a = 0$

Problème III — Déterminer la valeur du paramètre dans une équation du second degré de manière que les racines vérifient une relation donnée.

Principe de la solution : Grâce à l'application I on peut remplacer l'équation du second degré donnée par le système des deux relations entre coefficients et racines, si on adjoint à ce système, la relation imposée dans l'énoncé, on obtient un système de trois équations dont les trois inconnues sont x' x'' et le paramètre, le paramètre seul étant demandé on élimine x' et x''

Exemple — Quelle valeur faut-il donner à m pour que, entre les racines x' et x'' de l'équation $(14 m - 1) x^2 - 2 m x + 1 = 0$ on ait la relation $3 x' x'' = 2 x' + x''$

D'après ce qui vient d'être dit considérons le système :

$$\begin{cases} x' + x'' = \dfrac{2 m}{14 m - 1} \\[2mm] x' x'' = \dfrac{1}{14 m - 1} \\[2mm] 3 x' x'' = 2 x' + x'' \end{cases}$$

Si on tient compte des deux premières équations, la troisième se simplifie et s'écrit : $3 \left(\dfrac{1}{14 m - 1} \right) = x' + \dfrac{2 m}{14 m - 1}$

Pour éliminer x' et x'' entre les trois équations du système, tirons x' de cette dernière équation $x' = \dfrac{3 - 2 m}{14 m - 1}$ et portons cette valeur dans les deux autres équations qui deviennent :

$$\begin{cases} \dfrac{3 - 2 m}{14 m - 1} + x'' = \dfrac{2 m}{14 m - 1} \\[2mm] \dfrac{3 - 2 m}{14 m - 1} \times x'' = \dfrac{1}{14 m - 1} \end{cases}$$

ou : $x'' = \dfrac{4 m - 3}{14 m - 1}$

ou : $x'' = \dfrac{1}{3 - 2 m}$

l'élimination de x'' est alors immédiate et donne $\dfrac{4 m - 3}{14 m - 1} = \dfrac{1}{3 - 2 m}$

ou : $(4 m - 3)(2 m - 3) + 14 m - 1 = 0$

$8 m^2 - 4 m + 8 = 0$ telle est l'équation en m qui fait connaître les valeurs de m

Satisfaisant à l'énoncé, dans l'exemple actuel, l'équation n'a pas de racines, puisque $\Delta = -15$ est négatif, le problème n'a pas de solution.

———————— ▬ ————————

Trinôme du second degré

Le trinôme du second degré est $ax^2 + bx + c$ c'est le premier membre de l'équation générale du second degré, dans la suite, nous le désignerons souvent par y et souvent aussi par $f(x)$. Pour la commodité du langage, nous dirons racine du trinôme au lieu de racine de l'équation obtenue en égalant le trinôme a o, nous désignerons comme précédemment ces racines par x' et par x''.

Théorème I — Décomposition en carrés — Le trinôme du second degré est décomposable en carré de la manière suivante. 1° si Δ est négatif, il est égal au produit de a par une somme de deux carrés, si $\Delta = 0$ il égale le produit de a par un carré parfait; si Δ est positif, il est égal à petit a par une différence de deux carrés.

$$\Delta < 0 \qquad y = a(P^2 + q^2)$$

$$\Delta = 0 \qquad y = a P^2$$

$$\Delta > 0 \qquad y = a(P^2 - q^2)$$

on peut écrire: $\quad y = a\left[x^2 + \dfrac{b}{a}x + \dfrac{c}{a}\right]$

dans le crochet $x^2 + \dfrac{b}{a}x$ sont les deux premiers termes du développement du carré de $x + \dfrac{b}{2a}$ donc: $\quad y = a\left[\left(x + \dfrac{b}{2a}\right)^2 - \dfrac{b^2}{4a^2} + \dfrac{c}{a}\right]$

$$y = a\left[\left(x + \dfrac{b}{2a}\right)^2 + \dfrac{b^2 - 4ac}{4a^2}\right]$$

1°) Si $\Delta < 0$ ou $b^2 - 4ac < 0$

$4ac - b^2$ est positif et la quantité positive.

$\dfrac{4ac - b^2}{4a^2}$ peut être considéré comme le carré de sa racine carrée

et: $\quad y = a\left[\left(x + \dfrac{b}{2a}\right)^2 + \left(\sqrt{\dfrac{4ac - b^2}{4a^2}}\right)^2\right] \qquad y = a(P^2 + q^2)$

2°) $\qquad \Delta$ ou $b^2 - 4ac = 0$

$$y = a\left(x + \dfrac{b}{2a}\right)^2 \qquad y = a P^2$$

3°) $\qquad \Delta$ ou $b^2 - 4ac > 0 \qquad$ on peut écrire

$$y = a\left[\left(x + \dfrac{b}{2a}\right)^2 - \dfrac{b^2 - 4ac}{4a^2}\right] \quad \text{et comme la quantité positive}$$

$\dfrac{b^2 - 4ac}{4a^2}$ peut être considéré comme le carré de sa racine carrée

$$y = a\left[\left(x + \dfrac{b}{2a}\right)^2 - \left(\sqrt{\dfrac{b^2 - 4ac}{4a^2}}\right)^2\right]$$

$$y = a(P^2 - q^2)$$

Théorème II — *Décomposition en facteurs du second degré.*

Dans le cas de $\Delta > 0$ le trinôme du second degré est décomposable en un produit de deux facteurs du 1er degré. Le théorème a été déjà démontré en s'appuyant sur la théorie de la division par $x - a$ et sur la résolution de l'équation du second degré. Nous démontrerons à nouveau, sans tenir compte de la résolution de l'équation du second degré, ce qui nous permettra de dire en remarque qu'on pourrait déduire la résolution de l'équation du second degré de l'étude du trinôme. On a vu dans le théorème I que si Δ est positif, le trinôme $a x^2 + b x + c$ peut s'écrire :

$$y = a \left[P^2 - q^2 \right] \quad \text{avec} \quad \begin{cases} P' = x + \dfrac{b}{2a} \\[2mm] q = \dfrac{\sqrt{b^2 - 4ac}}{2a} \end{cases}$$

Par conséquent, en remplaçant la différence de deux carrés $P^2 - q^2$ par le produit $P+q$ $P-q$ on a : $y = a (P+q)(P-q)$ ce qui démontre le théorème, puisque P est du 1er degré et que q est une constante. Remplaçons d'ailleurs P et q par leur valeur, on a : $y = a \left[x + \dfrac{b}{2a} + \dfrac{\sqrt{b^2 - 4ac}}{2a} \right] \left(x + \dfrac{b}{2a} - \dfrac{\sqrt{b^2 - 4ac}}{2a} \right)$ on peut désigner par x' et x'' la partie écrite à la suite de x dans les deux parenthèses $y = a (x - x')(x - x'')$ Sous cette forme, apparaît que le trinôme y est égal à o si $x = x'$ et si $x = x''$ On retrouve ainsi la résolution d'équation du second degré. puisqu'on a posé $x' = -\dfrac{b}{2a} - \dfrac{\sqrt{b^2 - 4ac}}{2a}$ $\qquad x'' = \dfrac{-b + \sqrt{b^2 - 4ac}}{2a}$

Théorème III — *Signe du trinôme du second degré* —

Il faut entendre par signe du trinôme, le signe de la valeur numérique que prend ce trinôme quand on attribue à x une valeur déterminée.

1° Si Δ est négatif : $\Delta < 0$ le trinôme $(y = a x^2 + b x + c)$ a le signe de a pour toute valeur attribuée à x

2° Si $\Delta = 0$ le trinôme a le signe de a pour toute valeur autre que $-\dfrac{b}{2a}$ attribuée à x pour $x = -\dfrac{b}{2a}$ il est nul $y = 0$

3° Si Δ est positif : le trinôme a encore le signe de $+a$ pour les valeurs de x non comprises entre les racines, mais il a le signe contraire à a ou $-a$ pour les valeurs de x comprises entre x' et x''

$$\Delta < 0 \qquad\qquad +a$$
$$\Delta = 0 \qquad\qquad +a \quad x = -\tfrac{b}{2a} \quad y = 0$$
$$\Delta > 0 \qquad\qquad \begin{cases} +a \quad x \text{ hors } (x', x'') \\ -a \quad x \text{ dans } (x', x'') \end{cases}$$

Démonstration I. — $\Delta < 0$ d'après le théorème I $y = a\,(P^2+ q^2)$ P est du premier degré en x et peut s'annuler pour $x = -\frac{b}{2a}$ mais q est une constante non nulle; par conséquent $P^2+ q^2$ n'est jamais nul et d'ailleurs, positif comme somme des deux carrés; par conséquent y a toujours le signe de a, quel que soit x.

Démonstration II. — $\Delta = 0$ d'après le théorème I $y = a\,P^2$. P^2 est essentiellement positif, exceptionnellement nul si $x = -\frac{b}{2a}$ par conséquent y a le signe de a pour toute valeur de x autre que $-\frac{b}{2a}$ qui rend $y = 0$

Démonstration III — D'après le théorème II $y = a\,(x - x')\,(x - x'')$ d'où le tableau suivant

x	$-\infty$		x'	x''		$+\infty$
$x - x'$		—		—		+
$x - x''$		—		— o		+
$(x - x')(x - x'')$		+		—		+
y		$+a$		$-a$		$+a$

Le théorème est donc démontré. On voit que dans le 1er et le 3ème intervalle, le trinôme a le signe de a et que dans le 2ème intervalle seul, c'est-à-dire quand x est compris entre les racines, le trinôme a le signe de moins a.

Remarque — Si au lieu de y on prend la notation $F(x)$ pour désigner le trinôme $F(x) = a x^2+ bx + c$ le théorème III peut s'énoncer —1°) Si $\Delta < 0$ on a toujours : $a\,F(x) > 0$ quel que soit x —2°— Si $\Delta = 0$ $a\,F(x) > 0$ égalité quand $x = -\frac{b}{2a}$ 3°— Si $\Delta > 0$ deux cas sont à distinguer :

$$a\,F x > 0 \qquad x \text{ en dehors } (x', x'')$$
$$a\,F x < 0 \qquad x \text{ en dedans } (x', x'')$$

Application : Résolution d'une inéquation du second degré — Une inéquation du second degré proprement dite peut se ramener à la forme $a x^2+ bx + c > 0$ ou < 0 par conséquent, la résolution de cette inéquation revient à l'étude du signe d'un trinôme, et il n'y a qu'à appliquer le théorème III.

Exemple I — Résoudre une inéquation $2 x^2- 7 x + 3 > 0$ $x^2- 6 x - 5$
$\Delta = 49 - 24 = 25 = 5^2$ ce qui montre qu'on est dans le 3ème cas preuve dans l'énoncé du théorème, on sait que les conclusions de ce 3ème cas sont entre les racines, il faut donc les calculer. $x = \frac{7 \pm 5}{4}$
$$x' = \frac{1}{2} \qquad x'' = 3$$

Conclusions : pour toute valeur de $x < \frac{1}{2}$ ou > 3 le trinôme a le signe de $+a$ ici $+2$ il est positif, l'inéquation est vérifiée ; pour toute valeur de x comprise entre $\frac{1}{2}$ et 3 le trinôme a le signe $-$ et l'inéquation n'est pas vérifiée.

Exemple II — $5x^2 - 3x + 8 < 0$

$$\Delta = 9 - 160 = -151 \ , \ \Delta < 0 \quad \text{on est dans le 1^{er} cas de l'énoncé}$$

du théorème et on sait que dans ce cas, le trinôme a toujours le signe de a c'est-à-dire le signe de $+5$, le trinôme n'étant pas positif, n'est vérifié par aucune valeur de x.

Conséquences du Théorème III —

Corollaire I — Cas de 1 subsitution. ($f(x)$ désignant le trinôme et α une valeur numérique substitué à x). Si $f(\alpha)$ et a sont de signes contraires, ce qu'on peut écrire $a \times f(\alpha) < 0$ On peut affirmer que 1° les racines existent. 2° α est compris entre elles. En effet, il résulte du théorème III que si $f(\alpha)$ n'a le signe de $-a$ que dans le cas où α étant positif, la valeur de x est comprise entre les racines. Pour compléter l'étude du cas de 1 substitution, examinons ce qui concerne l'hypothèse contraire $a \times f(\alpha) > 0$ on ne peut tout d'abord rien en conclure de précis, puis que d'après le théorème III, ce cas se présente et si $\Delta < 0$ et si $\Delta = 0$ et si $\Delta > 0$ α est extérieur à l'intervalle x' et x'' mais en formant Δ en regardant son signe, on distingue les 3 cas. Il reste enfin, dans le cas de $\Delta > 0$ à rechercher si α qui n'est pas compris entre les racines, est plus petit que la plus petite, ou plus grand que la plus grande ; pour cela, on s'adresse à la demi-somme des racines $-\frac{b}{2a}$ en appliquant la propriété suivante :

Lemme. — La demi-somme de deux nombres (algébriques) est comprise entre ces deux nombres. x' et x'' étant les deux nombres et $x' < x''$ il faut démontrer qu'on a : $x' < \frac{x' + x''}{2} < x''$ Démontrons la première partie de l'inégalité, elle peut s'écrire $2x' < x' + x''$ en supprimant x' dans chaque membre, on a $x' < x''$ ce qui est vrai par hypothèse.

Remarque — On démontrerait que d'une manière plus précise, le segment $\frac{x' + x''}{2}$ a toujours son $x' \quad \overset{\frac{x'+x''}{2}}{\circ} \quad x''$ extrémité au milieu des extrémités des segments x' et x''

Revenons au trinôme et au cas de $\Delta > 0$ où les racines x' et x'' existent, sur une ligne figurative, des valeurs de x $-\frac{b}{2a}$ occupe, d'après le lemme, le milieu de l'intervalle $x'x''$ et puisqu'il s'agit de préciser si α est plus petit que x' ou plus grand que x'' il suffit de comparer α a $-\frac{b}{2a}$, si α est plus petit que $-\frac{b}{2a}$ il est inférieur à x' si α est $> -\frac{b}{2a}$ il est plus grand que x''.

<u>Corollaire II</u> — <u>Cas de deux substitutions</u>. ($f(x)$ étant le trinôme et α et β étant les deux nombres substitués $\alpha < \beta$). Si $f(\alpha)$ $f(\beta)$ sont de signes contraires, ce qu'on peut écrire $f(\alpha) \times f(\beta) < 0$, si on a cela, on peut affirmer que : 1° les racines existent. 2° Une d'entre elles et une seule est comprise entre α et β. En effet, puisque $f(\alpha)$ et $f(\beta)$ sont de signes contraires, l'un d'eux a le signe de $+a$ et l'autre a le signe de $-a$ puisqu'un résultat de substitution est du signe de $-a$ c'est que Δ est positif (Théorème III) et que le nombre substitué est compris entre les racines (corollaire I). Deux dispositions sont donc possibles suivant que c'est $f(\alpha)$ ou $f(\beta)$ qui a le signe de $-a$; Savoir :

$$a \times f(\alpha) < 0 \qquad \underline{\quad x' \quad \alpha \quad x'' \quad \beta \quad}$$

$$a \times f(\beta) < 0 \quad \underline{\alpha \quad x' \quad \beta \quad x''}$$

On voit sur ces deux lignes figuratives que dans l'une et l'autre disposition, une racine et une seule, soit la plus grande, soit la plus petite, est comprise entre α et β. Pour compléter l'étude du cas de deux substitutions, examinons ce qui se passe dans l'hypothèse contraire à celle du corollaire, c'est-à-dire $f(\alpha)$ $f(\beta) > 0$. D'abord, ce produit étant positif, $f(\alpha)$ et $f(\beta)$ ont tous les deux le signe de $-a$. La conclusion s'impose : les racines existent et α et β sont compris entre elles.

$$\underline{\quad x' \quad \alpha \quad \beta \quad x'' \quad}$$

Il reste à étudier le cas où $f(\alpha) \times f(\beta)$ étant positif $f(\alpha)$ $f(\beta)$ ont tous deux le signe de a autrement dit l'hypothèse est : $a f(\alpha) > 0$

$\qquad\qquad a f(\beta) > 0$ on formera Δ, s'il est négatif, les racines n'existent pas, s'il est nul, il y a une racine double $-\frac{b}{2a}$ qu'il est aisé de calculer et de comparer en grandeur à α et β. Enfin, si Δ est positif, auquel cas les racines existent, proposons-nous de les comparer en grandeur à α et β, puisque, par hypothèse, $f(\alpha)$ $f(\beta)$ ont le signe de a ni α ni β ne—

sont compris entre les racines. Trois dispositions et trois seulement sont donc possibles.

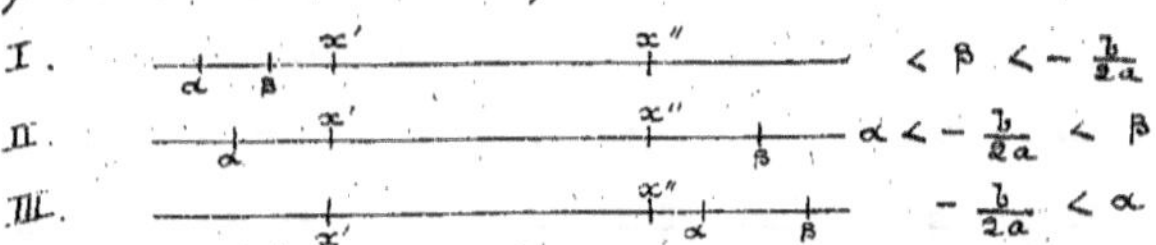

Pour distinguer ces trois cas, l'un de l'autre et savoir à laquelle d'entre elles on a affaire, il suffit de comparer la demi-somme des racines $-\frac{b}{2a}$ aux deux nombres substitués α et β, chaque disposition est caractérisée par l'inégalité ou les inégalités inscrites en regard.

Tout ce qui précède, corollaires I et II et leurs compléments, fournit le moyen de résoudre un problème important : étant donné une équation du second degré dont les coefficients sont fonction d'un paramètre, classer par ordre de grandeur, suivant les différentes valeurs du paramètre, les racines x' et $x"$ et un ou deux nombres donnés α et β.

Problèmes du second degré. (Leur discussion)

On sait que tout problème d'algèbre comprend en principe trois parties : 1° la mise en équations - 2° la résolution de l'équation ou du système d'équation 3° la discussion. Cette 3ème partie prend une très grande importance dans le cas du second degré. La première chose à faire est de fixer les limites des valeurs entre lesquelles l'inconnue peut être comprise pour convenir au problème, c'est ce qu'on appelle poser la discussion. Pour trouver ces valeurs, on fait appel au bon sens, à des considérations de nature des inconnues, à des considérations de géométrie, (applications de l'algèbre à la géométrie, à des considérations algébriques (voir équations irrationnelles), enfin on peut avoir à tenir compte de restrictions imposées par l'énoncé. Ce n'est que quand la discussion est posée qu'on peut commencer la discussion proprement dite. Les trois cas principaux qui se présentent sont :

Problèmes de 1ère catégorie - L'inconnue x n'est assujettie à aucune condition de grandeur, dans ce cas, la discussion se réduit à la seule condition algébrique $\Delta \gtreqless 0$ Cependant, il est d'usage de compléter la discussion par l'étude des signes des racines, même si l'énoncé du problème ne le demande pas.

Exemple : — Discuter l'équation $(m-1) x^2 - 2mx + m - 3 = 0$

Cet exemple a été traité précédemment et l'énoncé qui on avait été donné : étudier la nature et les signes des racines, est absolument équivalent à l'énoncé actuel.

<u>Problèmes de 2ᵉᵐᵉ catégorie :</u>

L'inconnue x n'est assujettie qu'à une seule condition de grandeur, soit $x > \alpha$ soit $x < \beta$ prenons par exemple $x > \alpha$.

$$f(x) = 0 \text{ étant l'équation, on forme } f(\alpha)$$

I. <u>Cas de 1 solution</u> : Il faut et il suffit : $a \times f(\alpha) < 0$. On résoud cette inéquation par rapport au paramètre de discussion et enregistre de suite les résultats sous une ligne figurative des valeurs de ce paramètre m ce qui conduit, par conséquent à inscrire dans :

m $-\infty$		$+\infty$
	1 solution	

certains intervalles une solution.

II. <u>Cas de deux solutions</u>. Trois conditions doivent être remplies $\begin{cases} \Delta \geq 0 \\ a \times f(\alpha) > 0 \\ \alpha < -\dfrac{b}{2a} \end{cases}$

On étudie successivement chacune de ces conditions (dans un ordre quelconque d'ailleurs) et après l'étude de chacune d'elles, on marque au tableau de discussion les intervalles pour lesquels la condition n'est pas vérifiée. On y met des hachures indiquant que pour ces intervalles le problème a 0 solution. Il faut noter avec soin qu'on ne doit jamais mettre de hachures dans les intervalles où on a reconnu précédemment qu'il y avait une solution et une seule. Finalement les trois conditions ayant été étudiées, il reste certains intervalles sans hachures, et sans l'indication de 1 solution, mais maintenant on peut en toute certitude, affirmer que pour ces intervalles, il y a deux conditions. Il ne reste plus, pour compléter le tableau de discussion qu'à étudier ce qui se passe pour les valeurs du paramètre limite d'intervalle.

Exemple — Discuter l'équation $(3m-1) x^2 - 2mx + m + 1 = 0$ dans laquelle l'inconnue x doit être plus grande que 1. Formons $f(1)$.

$$f(1) = 3m - 1 - 2m + m + 1 = 2m$$

I. <u>Cas de 1 solution</u> : Il faut et il suffit $a \times f(\alpha) < 0$ c'est-à-dire ici

$(3m-1)\,m < 0$ ce qui a lieu pour m compris entre 0 et $\frac{1}{3}$. Commençons de suite le tableau de discussion en y inscrivant ce résultat :

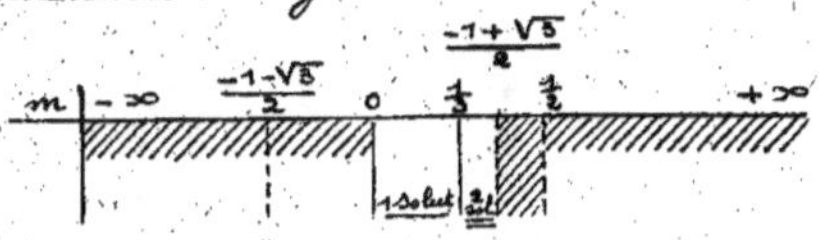

II. <u>Cas de deux solutions</u>. Trois conditions doivent être simultanément remplies

$$\begin{cases} \Delta \geqslant 0 \\ af(\alpha) > 0 \\ \alpha < -\frac{b}{2a} \end{cases}$$

Étudions-les successivement – 1° $af(\alpha)$ est ici $m(3m-1) > 0$ ce qui a toujours lieu pour toutes les valeurs de m qui restent à étudier. 2° $\alpha < -\frac{b}{2a}$ est ici $1 < \frac{m}{3m-1}$ ou $\frac{m}{3m-1} - 1 > 0$ $\quad \frac{m-3m+1}{3m-1} > 0 \quad \frac{-2m+1}{3m-1} > 0$ ou $(2m-1)(3m-1) < 0$ ce qui a lieu pour les valeurs de m comprises entre $\frac{1}{2}$ et $\frac{1}{3}$. On est ainsi conduit à mettre des hachures partout ailleurs ($\frac{1}{2}$ et $\frac{1}{3}$ étant tous deux positifs, on ne se trouve pas, avec cet exemple, dans le cas assez fréquent où toutes les valeurs du paramètre se trouveraient dès après être étudiées, et la discussion serait terminée sans avoir formé Δ c'est ce qui se serait produit, par exemple, si au lieu de $\frac{1}{2}$ on avait trouvé $\frac{1}{4}$). Il reste à étudier une dernière condition $\Delta' \geqslant 0$ ici $m^2-(3m-1)(m+1) \geqslant 0$, ou $2m+2m-1 \leqslant 0$. Cherchons les racines : $\Delta' = 1+2 = 3$ $m = \frac{-1 \pm \sqrt{3}}{2}$ et l'inégalité a lieu pour m compris entre $\frac{-1-\sqrt{3}}{2}$ et $\frac{-1+\sqrt{3}}{2}$. Marquons ces valeurs au tableau $\frac{-1-\sqrt{3}}{2}$ est à gauche de 0 $\frac{-1+\sqrt{3}}{2}$ a comme valeur approchée $0,35$ environ, ce qui montre que $\frac{-1+\sqrt{3}}{2}$ se place entre $\frac{1}{3}$ et $\frac{1}{2}$ on mettra des hachures entre $\frac{-1+\sqrt{3}}{2}$ et $\frac{1}{2}$.

Les trois conditions algébriques caractéristiques du cas de deux solutions étant complètement étudiées, on inscrit deux solutions dans l'intervalle ou les intervalles restants dans lesquels il n'y a pas de hachures. Pour compléter la discussion, il faut étudier ce qui se passe pour les valeurs-limites des intervalles du tableau – 1° pour $m = 0$ $f(1) = 0$ une racine $x' = 1$ d'ailleurs l'équation devient $-x^2 + 1 = 0$ d'où on déduit la seconde racine, l'autre racine $x'' = -1$ 2° pour $m = \frac{1}{3}$ $a = 0$ 1 des racines est infinie, l'autre est solution de $-\frac{2}{3}x + \frac{1}{3} + 1 = 0$ $2x = 4$ $x = 2$ $3^{\underline{0}}$ Pour $m = \frac{-1+\sqrt{3}}{2}$ $\Delta' = 0$ il y a une racine double $x' = x''$

$$\frac{m}{3m-1} \qquad \frac{\dfrac{-1+\sqrt{3}}{2}}{3\,\dfrac{-1+\sqrt{3}}{2}-1} = \frac{\sqrt{3}-1}{3\sqrt{3}-5}$$

$$\frac{(\sqrt{3}-1)(3\sqrt{3}-5)}{27-25} = \frac{9-5+2\sqrt{3}}{2} = 2+\sqrt{3}$$

<u>Problèmes de 3ème catégorie</u> : L'inconnue x est assujettie à une double condition de grandeur et, d'une manière plus précise, à être comprise entre deux nombres α et β $\alpha < x < \beta$ $f(x)$ étant l'équation, on forme $f(\alpha) =$ et $f(\beta) =$

<u>Cas de I solution</u>. Il faut et il suffit : $f(\alpha) \times f(\beta) < 0$ On résoud cette inéquation et on enregistre ces premiers résultats dans un tableau de discussion ayant pour point de départ une ligne figurative des valeurs de m

$$m \mid -\infty \qquad\qquad\qquad\qquad +\infty$$

$$\text{1 solut.}$$

<u>II</u>. <u>Cas de 2 Solutions</u>. 5 conditions doivent être simultanément remplies :

$$\text{savoir} \quad \begin{cases} \Delta \geq 0 \\ a\,f(\alpha) > 0 \\ a\,f(\beta) > 0 \\ \alpha < -\dfrac{b}{2a} \\ -\dfrac{b}{2a} < \beta \end{cases}$$

On résoud successivement et dans l'ordre qu'on veut, chacune de ces inégalités. À la suite de la résolution de chacune d'elles, on met des hachures au tableau de variations pour tous les intervalles des valeurs de m où elle n'est pas vérifiée. Quand les 5 inégalités sont étudiées et à ce moment-là seulement, on peut affirmer qu'il y a deux solutions dans les intervalles non hachurés, exception faite de ceux où il y a 1 solution. Il ne reste plus qu'à compléter le tableau de discussion par l'étude de ces limites.

<u>Exemple</u>. — Discuter l'équation $(2m-1)x^2 - 3mx + m + 1 = 0$ $2 < x < 3$

Formons $f(2)$ et $f(3)$

$$f(2) = 8m - 4 - 6m + m + 1 = 3m - 3 = 3(m-1)$$

$$f(3) = 18m - 9m + m + 1 = 10m - 8 = 2(5m-4)$$

<u>I</u>. <u>Cas de I solution</u>. Il faut et il suffit : $f(\alpha) \times f(\beta) < 0$ c'est-à-dire

$(m-1)(5m-4)$ ce qui a lieu pour m compris entre $\frac{4}{5}$ et 1

$$
\begin{array}{c|ccccc}
m & -\infty & & \frac{1}{2} & \frac{4}{5} & 1 & +\infty
\end{array}
$$

(1 solut.)

II. Cas de 2 Solutions — 5 inégalités doivent être simultanément vérifiées :

$$\Delta \geqslant 0$$
$$a\,f(\alpha) > 0$$
$$a\,f(\beta) > 0$$
$$\alpha < -\frac{b}{2a} < \beta$$

Étudions-les successivement $1^{\underline{o}}$ $a\,f(\alpha) > 0$ c'est ici $(2m-1)(m-1) > 0$ d'où hachures entre $\frac{1}{2}$ et $\frac{4}{5}$ $2^{\underline{o}}$ $\alpha < -\frac{b}{2a}$ est ici $2 < \frac{3m}{2(2m-1)}$ ce qui fait $\frac{3m - 4(2m-1)}{2(2m-1)} > 0$ ou $\frac{-5m+4}{2m-1} > 0$ ou $(2m-1)(5m-4) < 0$ ce qui exige que m soit compris entre $\frac{1}{2}$ et $\frac{4}{5}$ on est ainsi conduit à mettre des hachures au tableau pour toutes les valeurs de m non comprises entre $\frac{1}{2}$ et $\frac{4}{5}$ (excepté dans l'intervalle où il y a 1 solut.) la discussion est terminée puis qu'on est fixé pour toutes les valeurs du paramètre.

Complétons la discussion par l'étude des valeurs limites : $1^{\underline{o}}$ pour $m = \frac{4}{5}$: $x_1' = 3$ le produit des racines est $\frac{m+1}{2m-1} = \frac{\frac{4}{5}+1}{\frac{4}{5}-1} = \frac{9}{5} = 3$ donc : $x'' = 1$

$2^{\underline{o}}$ Pour $m = 1$ $f(2) = 0$ $x' = 2$ pour avoir l'autre, considérons le produit

$$\frac{m+1}{2m-1} = \frac{1+1}{2-1} = 2$$

Équations dont la résolution se ramène au second degré.

Équation Bicarré — On appelle ainsi une équation incomplète du $4^{\text{ème}}$ degré, dans laquelle manque les termes du 1er et du $3^{\text{ème}}$ degré. Toute équation bicarrée est donc de la forme

$$(1) \qquad A x^4 + b x^2 + c = 0.$$

Pour la résoudre, on fait un changement de variables défini par $x^2 = y$ l'équation (1) s'écrit alors $a y^2 + b y + c = 0$ (2) qu'on appelle la résolvante de l'équation bicarrée. On commence par résoudre cette équation et en portant dans $x^2 = y$ la valeur trouvée pour une racine, on en déduit chaque fois, deux valeurs opposées pour x dont l'équation bicarrée peut admettre quatre racines deux à deux opposées, mais il n'en est pas nécessairement ainsi, il faut pour cela, que la résolvante ait deux racines y' et y'' et il faut, en outre, que ces racines y' et y'' soient positives, d'ailleurs le tableau suivant donne la discussion complète de l'équation bicarrée.

	Racines en y de (2)	Racines en x de (1)
$b^2 - 4ac < 0$	0	0
$b^2 - 4ac = 0 \begin{cases} -\dfrac{b}{a} < 0 \\ -\dfrac{b}{a} > 0 \end{cases}$	1 rac. double 1 rac. double	0 2 rac. doubles
$b^2 - 4ac > 0 \begin{cases} \dfrac{c}{a} < 0 \\[2mm] \dfrac{c}{a} > 0 \begin{cases} -\dfrac{b}{a} < 0 \\ -\dfrac{b}{a} > 0 \end{cases} \end{cases}$	1 rac.+ 1 rac.− 2 rac. − 2 rac. +	2 rac. 0 4 rac.

Remarque. — Supposant $b^2 - 4ac$ positif et de plus, une résolvante $y = \dfrac{-b \pm \sqrt{b^2 - 4ac}}{2a}$ étant des racines positives de la résolvante, les racines en x correspondantes ont pour expression $x = \pm \sqrt{\dfrac{-b \pm \sqrt{b^2 - 4ac}}{2a}}$. Cette expression renferme des radicaux superposés, or, dans certains cas, une expression de ce genre peut se simplifier en vertu du théorème suivant :

Théorème. — Une expression de la forme $\sqrt{A + \sqrt{B}}$ peut être mise sous forme d'une somme de deux radicaux simples quand $A^2 - B = $ carré parfait ; de même $\sqrt{A - \sqrt{B}}$ est égal à une différence de deux radicaux simples si $A^2 - B = $ carré parfait.

Démontrons le théorème pour la première partie. Il s'agit de voir si on peut déterminer x et y nombres rationnels tel qu'on ait l'égalité :

$$\sqrt{A + \sqrt{B}} \equiv \sqrt{x} + \sqrt{y}$$

de cette égalité on déduit celle de leurs carrés.

$$A + \sqrt{B} \equiv x + y + 2\sqrt{xy}$$

cette égalité nécessite que, séparément, les parties rationnelles des deux membres soient égales entre elles et aussi les parties irrationnelles, donc :

$$\begin{cases} x + y = A \\ xy = \dfrac{B}{4} \end{cases} \qquad 2\sqrt{xy} = \sqrt{B}$$

donc x et y sont racines de l'équation. $X^2 - $

$$X^2 - AX + \frac{B}{4} = 0$$ mais il faut que les racines de cette équation x et y soient des nombres rationnels, ce qui exige uniquement que le discriminant

soit carré parfait, c'est-à-dire, $A^2 - \dfrac{4B}{4} =$ carré parfait ou $A^2 - B =$ carré parfait.

Remarque — Pratiquement, les calculs nécessaires pour trouver x et y sont ceux qui viennent de servir à la démonstration du théorème. Exemple : Résoudre l'équation bicarrée $x^4 - 4x^2 + 1 = 0$

posons : $x^2 = y$

la résolvante est : $y^2 - 4y + 1 = 0$

$$\Delta' = 4 - 1 = 3 \qquad y = 2 \pm \sqrt{3} \qquad x = \pm\sqrt{2 \pm \sqrt{3}}$$

Considérons par exemple : $\sqrt{2 + \sqrt{3}}$. $A^2 - B = 4 - 3 = 1 =$ carré parfait.

La transformation en radicaux simples est donc possible. Faisons la ;

posons : $\sqrt{2} + \sqrt{3} = \sqrt{x} + \sqrt{y}$

on en déduit : $2 + \sqrt{3} = x + y + 2\sqrt{xy}$

$$x + y = 2$$
$$xy = \frac{3}{4}$$

x et y sont donc les racines de l'équation

$$X^2 - 2X + \frac{3}{4} = 0$$

Résolvons : $\Delta' = 1 - \dfrac{3}{4} = \dfrac{1}{4}$

$$X = 1 \pm \frac{1}{2} \quad \begin{cases} x = \dfrac{1}{2} \\[4pt] y = \dfrac{3}{2} \end{cases}$$

on peut donc écrire : $\sqrt{2} + \sqrt{3} = \dfrac{1}{\sqrt{2}} + \dfrac{\sqrt{3}}{\sqrt{2}}$

Revenant à l'équation bicarrée on voit que les quatre racines de cette équation sont par ordre de grandeur croissante

$$x_1 = \frac{-1 - \sqrt{3}}{\sqrt{2}} \qquad x_2 = \frac{+1 - \sqrt{3}}{\sqrt{2}} \qquad x_3 = \frac{-1 + \sqrt{3}}{\sqrt{2}} \qquad x_4 = \frac{+1 + \sqrt{3}}{\sqrt{2}}$$